"一带一路"地质资源环境丛书

东南亚及澳大利亚油气地质与勘探

胡孝林　梅廉夫　徐思煌　许晓明　郭　刚　等　著

科学出版社

北　京

内 容 简 介

东南亚及澳大利亚油气资源丰富,其能源地缘政治的特点决定它在与我国开展能源安全合作时所处的地位。本书针对主动大陆边缘弧后裂谷盆地、主动大陆边缘前陆盆地、陆内裂谷盆地和被动大陆边缘盆地四大类型盆地,较系统全面地总结东南亚及澳大利亚地区主要含油气盆地的区域地质背景及石油地质特征,其中突出以构造研究为主线,以烃源岩评价为重点,通过分析盆地油气田分布规律及油气成藏特征,指出盆地油气勘探潜力与方向,对我国石油公司走向海外具有指导意义。

本书可供从事石油地质研究的科研人员以及石油院校相关专业师生参考阅读。

图书在版编目(CIP)数据

东南亚及澳大利亚油气地质与勘探/胡孝林等著. —北京:科学出版社,2020.6
("一带一路"地质资源环境丛书)
ISBN 978-7-03-053443-9

Ⅰ. ①东… Ⅱ. ①胡… Ⅲ. ①石油天然气地质—研究—东南亚 ②油气勘探—研究—东南亚 ③石油天然气地质—研究—澳大利亚 ④油气勘探—研究—澳大利亚 Ⅳ. ①P618.130.2

中国版本图书馆 CIP 数据核字(2017)第 113619 号

责任编辑:何 念/责任校对:高 嵘
责任印制:彭 超/封面设计:苏 波

科学出版社 出版
北京东黄城根北街 16 号
邮政编码:100717
http://www.sciencep.com

武汉精一佳印刷有限公司印刷
科学出版社发行 各地新华书店经销
*

开本:787×1092 1/16
2020 年 6 月第 一 版 印张:12 1/2
2020 年 6 月第一次印刷 字数:297 000
定价:**158.00 元**
(如有印装质量问题,我社负责调换)

前　言

随着经济的快速发展,我国石油消费持续稳定增长,2018年我国原油对外依存度已达到70%,因此,积极参与国外油气资源的勘探开发,是弥补国内油气资源供应不足和保障国家能源安全的重要途径。特别是随着"一带一路"倡议的提出,将更加有助于促进我国石油公司与其他国家开展石油天然气合作。一方面,东南亚地处亚洲与大洋洲、太平洋与印度洋的"十字路口",油气资源丰富,战略地位非常重要;另一方面,澳大利亚又是重要的天然气生产与出口国,也是我国液化天然气的主要来源国,且该国油气税赋中等略低,能源管理体制健全,政局稳定,具有较强能源投资吸引力。长期以来,这两个地区都是我国石油公司关注的重点和热点区域,并在该地区开展了大量油气地质研究工作。本书是我们在"十二五"期间的主要研究成果总结,是"一带一路"地质资源环境丛书中的一部。

研究区是世界上地质条件最为复杂的地区之一,板块的裂离与交汇导致几乎所有动力学类型的盆地交织在一起,且不同盆地之间的沉积充填演化特征、石油地质条件、油气成藏特征、油气分布及富集程度等方面都存在较大差异。随着勘探的不断深入,其中一些勘探程度较高的成熟盆地,油气发现与新增储量呈明显大幅下滑趋势,勘探难度越来越大,有的盆地甚至近十几年来几乎没有大的油气发现,储量替代率逐年走低,油气勘探普遍进入了瓶颈期。而对于一些勘探程度较低的盆地,一直以来其研究程度与关注程度亦较低。因此,进一步理清这些重点盆地的勘探潜力,明确新的勘探领域和方向,对指导中国石油公司在该区的油气勘探开发和有效规避风险具有重要意义。为此,近年来我们依托"十二五"国家科技重大专项课题"孟加拉湾及澳大利亚西北陆架富油气盆地勘探潜力综合评价与目标优选",对研究区开展了全面系统的研究,取得了一系列重要成果与认识。

全书共分5章。第1章介绍区域地质特征,第2~5章分别阐述研究区四种类型盆地的石油地质特征及勘探潜力,包括主动大陆边缘弧后裂谷盆地、主动大陆边缘前陆盆地、陆内裂谷盆地和被动大陆边缘盆地。每种类型盆地中又重点介绍两种典型含油气盆地的构造沉积演化、油气地质特征、勘探潜力和方向等,内容主要以构造研究为主线,以烃源岩评价为重点,通过精细解剖不同类型盆地的差异性油气成藏特征,深入分析油气富集规律与勘探潜力,指出有利勘探区带与勘探方向。

（1）主动大陆边缘弧后裂谷盆地

晚白垩世印度洋的扩张导致印度板块快速向北漂移，特别是随着古近纪以来印度板块持续向欧亚板块的俯冲、碰撞，最终形成了一系列近北东向展布的主动大陆边缘盆地。印度尼西亚苏门答腊盆地和缅甸睡宝盆地就是该时期形成的典型主动大陆边缘弧后裂谷盆地。

苏门答腊盆地包括北、中、南三个次一级盆地，是印度尼西亚最主要的油气产区。自古近纪以来，盆地经历了断陷期、拗陷期和挤压反转期三期构造演化阶段。断陷期是苏门答腊盆地主力烃源岩发育的重要阶段，在断陷中期，中苏门答腊盆地发育了大规模的半深湖相倾油型烃源岩；在断陷晚期，断陷作用减弱，拗陷作用开始增强，北、南苏门答腊盆地发育了以生气为主的三角洲相煤系和陆源海相烃源岩。盆地纵向上可以划分为源上、源内和源下三个成藏组合，目前的油气发现主要集中在源上成藏组合，而源内和源下成藏组合勘探研究程度相对较低，分析认为其基底潜山圈闭、地层超覆圈闭、岩性尖灭圈闭等圈闭类型具有较大勘探潜力。

睡宝盆地是缅甸北部弧后构造带内发育的新生代裂谷盆地，盆地西部为岛弧带，东部为实皆断层，以不整合面为界，可以划分白垩系—渐新统、中新统—上新统两个构造层。晚白垩世—渐新世，盆地为伸展断陷期，沉积了海相页岩及海陆交互相的砂岩与泥页岩；晚渐新世—中新世，盆地北部大幅抬升剥蚀，中南部发育河流-三角洲-浅海相沉积。中新世以来，东西向挤压作用加强，实皆断层发生右旋走滑，东北斜坡构造带开始隆升，西南斜坡构造带则主要形成于上新世。盆地主力烃源岩为始新统灰黑色页岩及白垩系黑色灰岩，发育始新统、渐新统、下中新统三套储盖组合，储盖条件向盆内具有逐渐变好的趋势。综合分析认为，盆地西部构造带的石油地质条件好于东部构造带，而各构造带的南部又好于北部，特别是盆地西南斜坡带保存条件较好的古近纪圈闭，以及中部拗陷带南部的新近纪圈闭，距离烃源灶较近，具有良好的油气成藏条件，且勘探程度相对较低，是未来油气勘探的重点领域和方向。

（2）主动大陆边缘前陆盆地

东南亚地区的前陆盆地多发育在欧亚板块、澳大利亚板块和太平洋板块之间碰撞带上。巴布亚新几内亚的巴布亚盆地和印度尼西亚的宾都尼盆地，在古生代为澳大利亚板块北缘克拉通内裂谷，中生代随着冈瓦纳大陆解体，转为大陆边缘裂谷；渐新世—上新世由于澳大利亚板块与太平洋板块岛弧带发生碰撞，先后形成了现今的巴布亚弧后前陆盆地和宾都尼弧后前陆盆地。

盆地烃源岩和储层主要发育于中-古生代裂谷沉积阶段，而前陆盆地形成时期的构造作用，对油气运聚成藏和再次分配具有重要影响。主力烃源岩是裂谷期沉积的侏罗系三角洲相煤系泥岩，主要储层为侏罗系和下白垩统砂岩，以及始新统的海相碳酸盐岩和浊积砂体。

　　巴布亚盆地和宾都尼盆地虽然构造演化和油气成藏具有诸多相似之处,但由于基底性质和晚期构造挤压方式的不同,造成了前陆盆地结构上的差异。巴布亚盆地表现为"宽冲断,窄前渊"的构造特征,逆冲褶皱带的地层变形相对较小,并且所形成的构造与烃源岩叠合性也较好,是重要的油气富集区,该构造带剩余资源量可观,勘探前景广阔;宾都尼盆地则呈现出"窄冲断,宽前渊"的构造特征,逆冲褶皱带的地层变形较强烈,前渊斜坡带发育较好的构造、地层等多种类型圈闭,具有较大的勘探潜力。

(3) 陆内裂谷盆地

　　西纳土纳盆地和泰国湾盆地均是受晚白垩世印度洋板块向欧亚板块和巽他地块俯冲而形成的陆内裂谷盆地,它们在构造演化、沉积充填、烃源岩特征、成藏条件等方面存在着规律性和差异性。

　　西纳土纳盆地自始新世以来经历了裂陷期、拗陷期和挤压反转三期构造演化阶段,裂陷期渐新统 Belut 组湖相泥岩是主力烃源岩。盆地中部和南部已获得大量油气发现,油气分布大都紧临生烃凹陷,依靠断层垂向输导,具有近源成藏的特征;盆地北部由于缺乏良好的油气垂向运移通道,浅层油气勘探不理想,但中深层的渐新统及源下基底潜山仍具有较大勘探潜力。盆地边缘带发育地层超覆圈闭、基底潜山圈闭以及潜山披覆背斜圈闭等;中央反转构造带发育岩性圈闭以及基底潜山圈闭。

　　泰国湾盆地油气勘探主要集中在中部北大年次盆和西部各次盆,构造演化经历了前古近纪前裂谷期渐新世—中中新世裂谷期、晚中新世—至今拗陷期三个阶段。北大年次盆烃源岩主要为中新统三角洲平原相和海岸沼泽相的泥页岩,偏生气;西部次盆主力烃源岩为裂谷期下渐新统湖相泥岩,偏生油。盆地发育两套储层,主要为上渐新统—中中新统裂谷期储层,目前所发现的商业气田都属于这套储层;二叠系前裂谷期的碳酸盐岩为次要储层,仅在西部次盆发现商业性油藏。北大年次盆中-深层具有较好的勘探前景,西部各次盆是找油的重要领域,其西南部具有较大勘探潜力,但可能以中小型油气田为主,而东北部地区勘探程度低,待发现油气资源量大,且具有发现大中型油气田的良好前景。

(4) 被动大陆边缘盆地

　　北卡那封盆地经历了典型被动大陆边缘的克拉通断拗期、裂谷期和漂移期三期构造演化阶段。在古生代晚期—早白垩世克拉通内断拗及裂谷阶段,共发育四期三角洲相沉积,分别为中-晚三叠世 Mungaroo 组三角洲相沉积、早-中侏罗世 Legendre 组三角洲相沉积、晚侏罗世 Angel 组三角洲相沉积和早白垩世 Barrow 群三角洲相沉积,它们与已发现的大中型气田均密切相关。大澳湾盆地经历了中-晚侏罗世裂陷期、白垩纪过渡期及之后的漂移期三期构造演化阶段,其中在过渡期发育大型三角洲相的 White Pointer 群,是盆地烃源岩及储盖组合发育的主要层系。

北卡那封盆地烃源岩主要为克拉通拗陷及裂陷沉积,大澳湾盆地裂陷期地层分布较局限,主要为过渡期烃源岩。北卡那封盆地拗陷期沉积的中上三叠统 Mungaroo 组煤系烃源岩以生气为主,裂陷期沉积的侏罗系半封闭海湾相 Dingo 组泥页岩以生油为主,盆地埃克斯茅斯隆起和比格尔拗陷勘探程度相对较低,待发现资源量可观,是未来重要的储量增长和接替区。大澳湾盆地目前并未有实质性的勘探突破,但分析认为其具备基本的成藏地质条件,推测烃源岩为白垩系三角洲相煤系地层和海相泥页岩,以生气为主,盆地塞杜纳拗陷的滑脱伸展—挤压推覆构造带,发育滚动背斜圈闭、反向断块圈闭、挤压背斜圈闭及逆冲背斜圈闭等多种类型的圈闭,是盆地最为有利的勘探区域。

本书由胡孝林、梅廉夫、徐思煌、许晓明、郭刚、蔡文杰、杨香华、李任远、方勇等写作,苗顺德、张义娜、尹新义、李冬、陈景阳、程岳宏、闫青华等参与写作中部分工作。胡孝林和梅廉夫完成全书的审核统稿。

本书引用的他人研究成果,在此向这些作者表示感谢。本书还引用了 IHS 和 Wood Mackenzie 两大数据库的相关资料和数据,在此表示感谢。本书在编写过程中,得到了中海油研究总院海外评价中心领导和专家的指导,以及亚太专业室各项目组的大力支持与帮助,在此一并感谢。

由于作者水平有限,加之研究区盆地类型多,地质条件复杂,资料获取难度大,书中疏漏之处,敬请读者批评指正。

作　者

2017 年 10 月 23 日于北京

目　　录

第1章

区域地质特征

　　东南亚及澳大利亚地区位于欧亚板块、印度-澳大利亚板块(简称印澳板块)和太平洋板块三大板块的交汇处,是全球构造活动和地质条件最复杂的地区之一。在地质历史时期,由于板块的相互作用,区域构造主要经历了古生代—中生代早期的冈瓦纳(Gondwana)克拉通断拗期、侏罗纪—早白垩世的冈瓦纳大陆裂解期、晚白垩世—古近纪的漂移俯冲期、晚渐新世以来的碰撞拼合期四大构造演化阶段,并在不同的构造位置,形成了克拉通盆地、裂谷盆地、被动大陆边缘盆地、前陆盆地等一系列规模不等、类型各异的含油气盆地。

1.1　区域构造演化

东南亚及澳大利亚地区位于欧亚板块、印度-澳大利亚板块和太平洋板块三大板块交汇处,主要包括欧亚板块的南部、印度-澳大利亚板块以及板块之间的碰撞带和俯冲带,是全球构造最复杂的地区之一(图1.1)。

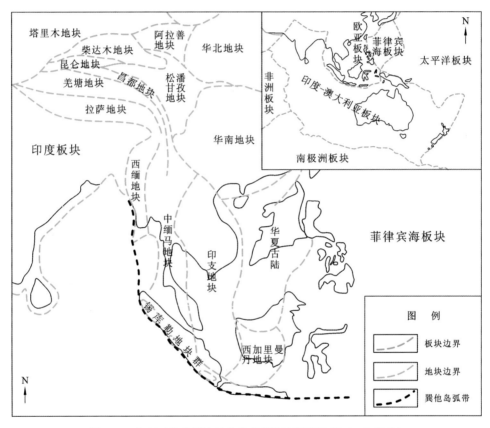

图 1.1　东南亚及其周边地块分布简图(据周蒂 等,2005 修编)

欧亚板块南部主要是指其中的华南地块、印支地块(含东马来西亚,又称昆嵩地块)、中缅马地块(又称掸邦地块)、西缅地块、锡库勒(Sikuleh)地块群、西加里曼丹(Kalimantan)地块和华夏古陆等构造单元(图1.1),中缅马地块、华南地块与印支地块共同构成巽他陆块(孔媛 等,2012)。

东南亚地区在构造位置上主要位于欧亚板块的东南部,西南面为印度-澳大利亚板块,东面则为向西俯冲的太平洋板块,整体处于东、南、西三面挤压应力场背景(Hall et al.,2008)。南亚地区主要位于印度板块,其西北部与欧亚板块相接,东部以那加—阿拉干褶皱带与东南亚接壤,南部为开阔的印度洋,呈现出三面被年轻褶皱山脉环绕,一面毗邻大洋的地理格局。印度-澳大利亚板块以澳大利亚大陆为核心,在西北方向上巴布亚新几内亚地块与欧亚板块相接,东南方向新西兰地块与太平洋相接。

东南亚及大洋洲地区受印度-澳大利亚板块、太平洋板块和欧亚板块三大板块的共同作用,经历了复杂的构造演化过程。总体上表现为"南散北聚"的特征,具体可分为克拉通断拗期、冈瓦纳大陆裂解期、漂移俯冲期、碰撞拼合期四大构造演化阶段。

1.1.1 克拉通断拗期

中-晚古生代—中生代早期,冈瓦纳大陆北缘的澳大利亚板块经历了克拉通裂谷盆地形成与拗陷沉降两大演化阶段。

中-晚泥盆世,华北地块、华南地块、印支地块、塔里木地块相继从冈瓦纳大陆裂离并向北漂移(Ferrari et al.,2008;Li and Powell,2001)。受此影响,澳大利亚板块西缘产生北东—南西向拉张,澳大利亚西缘盆地群初具雏形。石炭纪是古特提斯洋壳俯冲的主要时期(Barber and Crow,2009),在早石炭世,华南地块与印支地块拼贴在一起;中石炭世,特提斯洋南缘盘古大陆(Pangea)形成,澳大利亚板块表现为整体抬升、剥蚀,澳大利亚内陆进入无沉积期,区域地层普遍缺失;晚石炭世—早二叠世,羌塘地块与中缅马地块从冈瓦纳大陆裂离并向北漂移(Li and Powell,2001),特提斯洋开始扩张,澳大利亚板块进入盆地活跃期,区域应力场由北东—南西向的拉张转变为北西—南东向拉张(图 1.2),在澳大利亚西北陆架边缘,受拉张伸展作用的影响,盆地发育一期裂陷沉积,澳大利亚西缘盆地群基本形成;而在东澳大利亚,形成了鲍恩(Bowen)盆地、悉尼(Sydney)盆地和科珀(Cooper)盆地以及巴布亚(Papua)盆地等一系列陆内裂谷盆地。

晚二叠世—三叠纪,澳大利亚西缘盆地群为裂后热沉降的克拉通边缘拗陷沉积,如西缘北卡那封(Nerth Carnarvon)盆地,三叠系沉积厚度大,分布稳定(Jablonski and Saitta,2004)。但是在东澳大利亚,受东部亨特-鲍恩(Hunter-Bowen)运动的影响,包括巴布亚盆地在内的一系列盆地受挤压抬升影响,早期沉积了较厚煤层,后期逐渐抬升剥蚀,特别是随着持续挤压碰撞,中三叠世火山岛弧作用强烈(Hill and Hall,2003),在巴布亚盆地陆上普遍发育三叠系 Kana 组火山岩。晚三叠世,由于受中三叠世广泛的岩浆活动及冈瓦纳大陆裂解的影响,沿着澳大利亚板块北缘的拉张裂谷开始大规模复苏(Golonka,2007),包括巴布亚盆地在内的澳大利亚北缘发育一系列地堑和半地堑(图 1.2)。

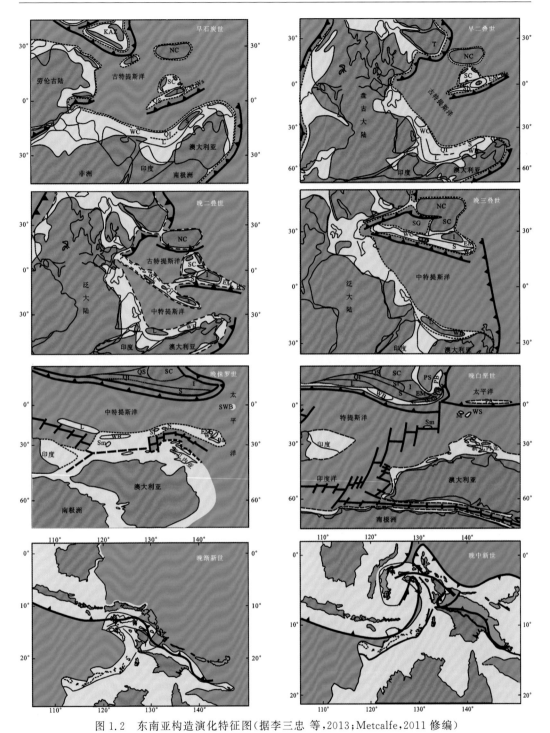

图 1.2　东南亚构造演化特征图（据李三忠 等，2013；Metcalfe，2011 修编）

KAZ. 哈萨克斯坦地块；NC. 华北地块；T. 塔里木地块；SC. 华南地块；QS. 昌都-思茅地块；EM. 西马来西亚地块；
WS. 西苏拉威西（Sulawesi）微地块；WC. 西辛梅利亚地块；QI. 羌塘地块；S. 中缅马地块；L. 拉萨地块；SI. 锡库勒地
块群；WB. 西缅地块；I. 印支地块；SG. 松潘-甘孜地块；SWB. 西加里曼丹地块；Sm. 松巴地块；N. 纳塔尔（Natal）微
地块；Ba. 班达地块；Ps. 古南海；PB. 巴拉望及其他一些菲律宾基底的小型地块；Wsu. 西苏门答腊地块；M. 现今印度
洋中磁异常的块体；PA. 东菲律宾岛弧

1.1.2 冈瓦纳大陆裂解期

侏罗纪—早白垩世,拉萨地块、西缅地块等相继从冈瓦纳大陆裂离并向北漂移,澳大利亚板块与南极洲板块分离,冈瓦纳大陆逐渐解体,澳大利亚西缘、北缘整体开始进入裂陷活跃期,并形成了一系列北东向的裂谷(Heine and Muller,2005);南缘也发生大规模裂谷断陷作用,形成澳大利亚南缘盆地群。

早侏罗世普林斯巴阶(Pilensbachian)的西缅 I 地块、晚侏罗世初牛津阶(Oxfordian)的西缅 II 地块、晚侏罗世末提塘阶(Tithonian)的西缅 III 地块,自北向南依次开裂,与冈瓦纳大陆快速分离(Pigram and Panggabean,1984);晚侏罗世,西加里曼丹地块和阿尔戈(Argo)地块(东爪哇和苏拉威西微地块)开始相继从冈瓦纳大陆分离(图1.2)。澳大利亚板块西缘、北缘进入裂陷活跃期,并形成了一系列北东向、雁列式展布的裂谷。

中侏罗世卡洛夫期(Callovian),大规模的裂解活动已经开始在冈瓦纳大陆内部孕育,南极洲板块与澳大利亚板块之间,发生了一系列岩石圈伸展与沉降,随着南极洲板块和澳大利亚板块之间的分裂加剧,裂谷规模逐渐扩大,澳大利亚板块南缘的大澳湾盆地等进入裂陷期。早白垩世(130 Ma),冈瓦纳大陆进一步分裂,一条"Y"字形裂谷把印度板块与非洲板块、南极洲板块、澳大利亚板块分开(朱伟林 等,2013),特别是在印度板块与澳大利亚板块分离后,印度板块开始以高达 15 cm/a 的速率快速向北漂移,随着漂移方向前方的特提斯洋壳沿北缘海沟俯冲消减于欧亚大陆之下,印度洋快速扩张。

从冈瓦纳大陆裂解出来的各个地块逐步向北漂移,最终与欧亚板块碰撞,形成东南亚的雏形。早二叠世,塔里木地块与欧亚板块相拼贴;早三叠世,中缅马地块与印支地块完成与欧亚板块的拼贴;中-晚三叠世,羌塘地块与思茅微地块陆续拼贴到中缅马地块和印支地块南缘,成为欧亚板块的一部分;晚三叠世,华南地块与印支地块碰撞拼贴,碰撞后的中缅马地块、华南地块与印支地块构成巽他地块;晚侏罗世,西缅地块与巽他地块的碰撞拼合完成,中特提斯洋闭合(周蒂 等,2005)(图1.2);晚侏罗世—早白垩世,在苏门答腊岛和加里曼丹岛东南一带,中特提斯洋向北俯冲于欧亚大陆之下;早白垩世,新特提斯洋壳也开始向西缅地块俯冲;早白垩世晚期—晚白垩世早期,西加里曼丹地块和阿尔戈地块与欧亚板块碰撞(Mitchell,1993),形成加里曼丹岛和苏拉威西微地块(图1.2)。

1.1.3　漂移俯冲期

晚白垩世—古近纪,冈瓦纳大陆已完全解体,印度板块、澳大利亚板块、南极洲板块、非洲板块作为独立板块进入各自的演化阶段。在澳大利亚西北缘和南缘,盆地裂陷活动停止发育,整体随澳大利亚板块向北旋转漂移,进入构造稳定发育的漂移期(朱伟林 等,2013)。东南亚地区,各地块(微地块)的碰撞拼贴过程已经完成,并形成了东南亚的雏形(图1.3)。南部的印度板块不断向北移动,推动新特提斯洋和印度板块洋壳持续向欧亚板块俯冲(Hall,2002),弧后裂陷作用强烈发生,东南亚主动大陆边缘盆地和陆内裂谷盆地进入活跃期。

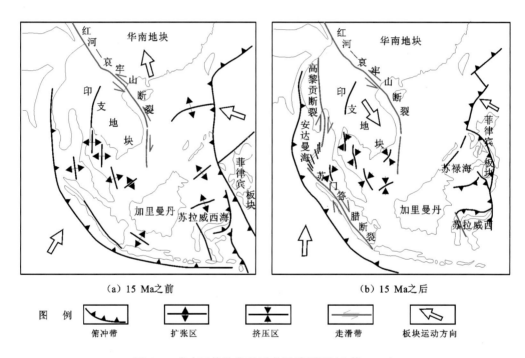

（a）15 Ma之前　　　　　　　　　　　　　（b）15 Ma之后

图　例　　俯冲带　　　扩张区　　　挤压区　　　走滑带　　　板块运动方向

图 1.3　东南亚构造格局示意图(据张进江 等,1999)

古新世—始新世(60～40 Ma),印度板块与欧亚板块发生"软"碰撞(李三忠 等,2013;Copley et al.,2010),并伴随有西缅地块强烈的火山活动,以及喜马拉雅造山带与青藏高原的初始隆升。渐新世—早中新世(32～23 Ma),印度板块向欧亚板块的俯冲活动进一步加强,青藏高原强烈隆升,其斜向汇聚作用还引起了华南板块和印支地块的逃逸,其中印支地块分别以红河—哀牢山断裂及高黎贡断裂为边界,逐渐向东南挤出,最终形成了东南亚现今的基本构造格局(李三忠 等,2013;张进江 等,1999)(图1.3)。同时,喜马拉雅造山带与青藏高原的强烈隆升,为西缅地块周缘盆地如睢宝(Shwebo)盆地等提供了丰富的碎屑物源。

　　印度板块的俯冲碰撞不仅导致了青藏高原隆升和印支地块的旋转逃逸,同时还形成了一系列弧后裂谷盆地。晚古新世,印度板块和欧亚板块之间的汇聚速率开始减小(Hall,2002),这种汇聚速率的快速减小暗示了印度板块动能的快速衰减,在巽他弧俯冲带的俯冲速率也明显降低,从而使巽他岛弧的弧后地区处于拉伸状态,形成一系列小型断陷湖盆,如中苏门答腊(Central Sumatra)盆地、南苏门答腊(South Sumatra)盆地和东爪哇(East Java)盆地等,而北苏门答腊(North Sumatra)盆地、泰国湾(Culf of Thailand)盆地、马来(Malay)盆地、爪哇(Java)盆地等受弧后拉张应力作用影响较弱,仅具有盆地的雏形。晚始新世(43.5～33.9 Ma),随着印度板块与欧亚板块的俯冲碰撞结束,沿巽他岛弧带发生第二期裂谷作用,沉积了一套裂谷层序。渐新世,伴随着南海大规模海底扩张,裂陷活动达到高峰。随着南海持续扩张,导致了整个巽他地块的顺时针旋转,使得巽他岛弧弧后地区的应力性质转变为弱挤压,从而结束了该地区的裂陷作用(Linthout et al.,1997),开始了裂后热沉降阶段。

　　由于印度板块脱离冈瓦纳大陆向北运动的时间比澳大利亚板块早,而且运动速度也快得多,当印度板块与欧亚板块俯冲碰撞、印支半岛旋转逃逸时,澳大利亚板块仍在持续向北漂移,澳大利亚西缘、北缘、南缘各盆地仍处于漂移俯冲期(朱伟林 等,2013)。

1.1.4　碰撞拼合期

　　晚渐新世—现今,印度板块和澳大利亚板块的运动方向为近南北向,太平洋板块及菲律宾板块的运动方向为北西西向(图 1.3),两种运动方向近乎垂直,最终导致澳大利亚板块东北缘与菲律宾板块碰撞,西北缘与欧亚板块发生碰撞,整个东南亚-澳大利亚北缘进入全面碰撞构造强烈活动期。

　　晚渐新世,澳大利亚板块与菲律宾板块的美拉尼西亚岛弧带发生碰撞(图 1.2),使得澳大利亚板块北缘巴布亚盆地的巴布亚(Papuan)褶皱带和奥雷(Aure)褶皱带开始隆升(Home et al.,1990),巴布亚盆地进入前陆阶段。该时期,印度洋壳对欧亚板块的俯冲作用较弱,巽他岛弧的弧后裂谷盆地整体仍处于裂后热沉降阶段。

　　中新世(23 Ma),西缅地块北部新特提斯洋壳逐渐俯冲消亡,印度板块与西缅地块大规模陆陆碰撞,缅甸弧后地区的伸展作用停止。晚中新世,印度洋壳对欧亚板块的俯冲碰撞加剧,导致苏门答腊岛西部的巴里桑山脉隆升造山,整个巽他岛弧的弧后地区处于挤压状态(图 1.3),从而使弧后盆地早期形成的拉张断层活化逆冲,形成了一系列挤压褶皱。晚中新世—上新世,北西西向运动的太平洋板块在鸟头地区向澳大利亚板块发生俯冲碰撞,导致鸟头东部地区的冲断褶皱带隆升(Pigram et al.,1982),澳大利亚板块西北缘的宾都尼盆地进入前陆阶段。同时,该碰撞还导致了整个鸟头地区逆时针旋转,不仅使得鸟头地区前端与北班达海(Laut Banda)岛弧发生弧陆碰撞(Audley,2004),北塞兰(North Seram)盆地进入前陆阶段,而且其后端发生拉张作用,形成了威彭洛盆地。

　　上新世,在东南亚地区,印度板块对西缅地块持续强烈挤压,导致该区弧前盆地与弧后盆地均遭受强烈抬升剥蚀。在澳大利亚地区,澳大利亚板块与欧亚板块的班达海岛弧发生弧陆碰撞(Audley,2004),澳大利亚西北缘的帝汶(Timor)盆地等开始进入前陆阶段。

1.2　主要盆地类型与地层

1.2.1　主要盆地类型

　　东南亚及澳大利亚地区经历了古生代、中生代、新生代多期板块构造活动,由于区域构造应力的频繁变化,形成了现今规模不等、类型各异的一系列盆地(图1.4)。根据板块边界类型和现今保存状态,区内沉积盆地可划分为三大类型:①主动大陆边缘盆地,包括弧前盆地、弧后裂谷盆地和前陆盆地;②被动大陆边缘盆地;③板块(陆)内沉积盆地,包括克拉通盆地和陆内裂谷盆地(表1.1)。

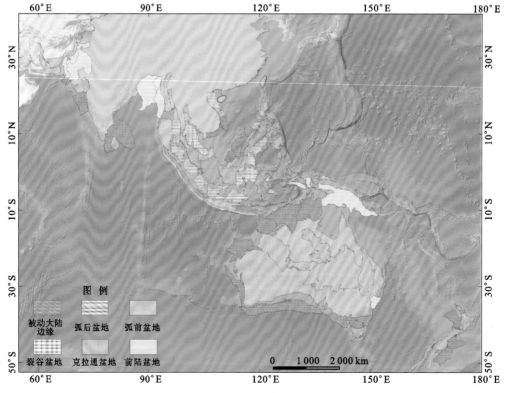

图1.4　东南亚及澳大利亚地区盆地类型分布图

表 1.1　东南亚及澳大利亚主要盆地类型分类简表

板块构造位置	盆地类型	典型实例
主动大陆边缘	弧前盆地	米拉务盆地、尼亚斯盆地
	弧后裂谷盆地	苏门答腊盆地、睡宝盆地
	前陆盆地	宾都尼盆地、巴布亚盆地
被动大陆边缘	被动大陆边缘盆地	大澳湾盆地、北卡那封盆地
板块（陆内）	克拉通盆地	阿玛度斯盆地、埃罗曼加盆地、乔治纳盆地
	陆内裂谷盆地	泰国湾盆地、马来盆地、西纳土纳盆地

1. 主动大陆边缘盆地

主动大陆边缘是由岩石圈板块边界的聚敛作用形成的。发生在东南亚地区的聚敛作用表现为两种形式，一种为洋壳俯冲到陆壳下面的 B 型俯冲，这种俯冲类型在东南亚地区极为常见，主要表现为洋-陆俯冲或弧-陆碰撞；另一种为陆壳与陆壳碰撞的 A 型俯冲，主要发生大陆板块之间，主要表现为陆-陆碰撞。主动大陆边缘沉积盆地主要有弧前盆地、弧后裂谷盆地和前陆盆地 3 种类型。

1) 弧前盆地

弧前盆地是发育在增生楔和火山岛弧之间的一种槽状拗陷。根据盆地基底性质，弧前盆地可以分为 5 种类型：①弧内盆地，盆地沉积地层不整合覆盖于弧体岩石之上；②残留盆地，盆地沉积地层覆盖于弧体和俯冲带之间圈捕的洋壳或过渡地壳之上；③增生盆地，盆地沉积地层直接覆盖于俯冲杂岩之上；④堆积盆地，盆地沉积地层不整合覆盖于盆地内侧弧体到盆地外侧增生体之上；⑤复合盆地，由上述几种类型复合形成的盆地，如早期作为残留盆地，当盆地内侧超覆于弧体之上、盆地外侧超覆于增生体之上时，便形成复合盆地（Dickinson and Seely，1979）。

东南亚地区的弧前盆地主要发育在沿苏门答腊、爪哇岛一线向印度洋一侧，如米拉务（Meulaboha）盆地、尼亚斯（Nias）盆地、明打威-明古鲁（Mentawai Bengkulu）盆地、南爪哇（South Java）盆地等，分布在缅甸地区的弧前盆地主要有缅中（Central Burma）盆地、钦敦（Chindwin）盆地和特里普拉邦（Tripur Cachar）盆地等，这些盆地发育在构造体系比较完整的 B 型俯冲边缘，为典型弧前盆地，且多为印度-澳大利亚板块与欧亚板块聚敛形成。

2）弧后裂谷盆地

弧后裂谷盆地在构造位置上位于岛弧后大陆一侧（弧后地区），发育于贝尼奥夫带上面的仰冲板块陆壳内。陆壳上伸展型弧后盆地主要由大陆地壳发生裂谷作用或大洋地壳发生海底扩张作用所形成，其早期裂谷特征与一般的大陆裂谷盆地或断陷盆地非常相似。东南亚地区大多数弧后裂谷盆地的形成始于中始新世，由于印度板块开始向欧亚板块的俯冲，巽他地区表现为弧后拉张，并在邻近俯冲带一侧形成了一系列地堑、半地堑，此类断陷盆地主要有苏门答腊盆地、睡宝盆地、巽他盆地、西爪哇盆地、东爪哇盆地等。

3）前陆盆地

前陆盆地是指位于造山带前缘及相邻克拉通之间的沉积盆地。在东南亚地区，前陆盆地按其形成的构造位置可以分为两类：①周缘前陆盆地，发育于紧靠在大陆碰撞所产生的造山带外侧，形成于陆-陆碰撞期，是在俯冲板块上的逆冲带前缘，以及向下挠曲的陆壳之上所形成的沉积盆地；②弧后前陆盆地，发育在岩浆岛弧之后，常与B型俯冲有关，其成因与陆壳荷载、区域性沉降有关。

东南亚地区帝汶盆地（图1.5）、巴布亚盆地为典型的新生代弧后前陆盆地，处于澳大利亚大陆西北缘与古洋壳岛弧俯冲带之间的碰撞带。中新世末，随着澳大利亚板块向北运动，由岛弧和弧前层序组成的帝汶外来岩体，仰冲到澳大利亚大陆边缘的沉积地层之上，产生西倾的推覆体，导致澳大利亚大陆边缘的地层褶皱与加积作用，形成帝汶弧后前陆盆地。

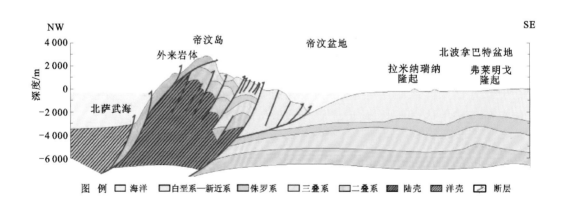

图 1.5　帝汶盆地结构示意图（据 IHS，2012）

2. 被动大陆边缘盆地

被动大陆边缘又称稳定大陆边缘、拉伸边缘、离散大陆边缘,它形成于稳定持续沉降的构造环境中,地貌上以具有较宽的大陆架为特征。东南亚及澳大利亚地区典型的被动大陆边缘盆地主要位于澳大利亚西部大陆架、印度东、西部大陆架和南海周缘大陆架。这些盆地的发育经历了裂谷到被动大陆边缘盆地发育阶段,早期为大陆边缘伸展张裂形成的裂谷盆地,以河湖相沉积为主;晚期为大陆架-大陆坡沉积体系,形成大型三角洲相沉积。被动大陆边缘盆地通常具有良好的生储盖条件和丰富的油气资源。

澳大利亚西北缘在古生代时期为冈瓦纳古陆克拉通边缘裂谷盆地,中生代为大陆边缘裂谷盆地,新生代演化为被动大陆边缘盆地。位于澳大利亚西北陆架的阿拉弗拉(Arafura)盆地、波拿巴(Bonaparte)盆地、布劳斯(Browse)盆地、北卡那封(Northern Carnavon)盆地,以及澳大利亚南缘的大澳湾(Bight)盆地等均为典型的被动大陆边缘盆地,其中中生代裂谷阶段对这些被动大陆边缘盆地的油气成藏极为重要。

3. 板块(陆)内沉积盆地

1)克拉通盆地

克拉通盆地是指位于陆壳或刚性岩石圈之上的,与中新生代巨型缝合带无关的盆地,包括形成在克拉通周缘和克拉通内部的盆地,以长期保持稳定和仅有微弱变形的地壳为特征。研究区内的克拉通盆地主要位于澳大利亚大陆内部和东南亚地区的古老地块内。典型的澳大利亚大陆内克拉通盆地主要形成于太古代,长期处于相对稳定的地质背景中,从早寒武世开始,澳大利亚大陆主要发育科珀(Cooper)盆地和埃罗曼加(Eromanga)盆地等一系列陆内克拉通盆地。

2)陆内裂谷盆地

东南亚陆内裂谷盆地,是在不断增大的斜向板块聚敛背景下,受在古陆块内部因区域碰撞诱导的张力作用而形成的,这类盆地主要发育在巽他古陆内部或边缘,如泰国湾(Gulf of Thailand)盆地、马来(Malay)盆地、西纳土纳(West Natuna)盆地等。主要在新生代时期,受太平洋板块、澳大利亚板块和欧亚板块的碰撞挤压,以及巽他陆块内部剪切与拉张等的作用,导致陆块破裂、分离而形成裂谷盆地。巽他古陆西部裂谷盆地以泰国湾盆地、西纳土纳盆地、马来盆地为典型代表,早期发育深裂陷,主要表现为链状、斜列式分布的地堑、半地堑(图 1.6),沉积环境以河、湖相为主,具有良好的生烃条件;晚期发育拗陷,多为海相沉积。

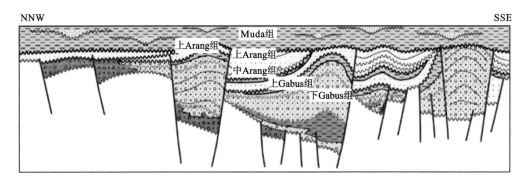

图 1.6　西纳土纳盆地结构示意图

1.2.2　区域地层特征

澳大利亚大陆同世界其他古大陆一样,在太古宙遭受强烈的火山作用,以基性和超基性火山岩喷发为特征,随着岩浆分异,酸性侵入岩开始发育,新太古代频繁发生的花岗岩侵入活动导致大陆地壳迅速增长,最终出现相对稳定的古陆核。澳大利亚周缘各盆地均是在前寒武系古老克拉通基底之上发育起来的,古生代末,随着各地块从冈瓦纳大陆裂离,澳大利亚西北缘盆地群开始发育,主要以海相、三角洲相沉积为主。东南亚地区除了印支地块上的泰国陆上盆地发育少量古生界和中生界外,大部分盆地主要形成于古近纪和新近纪,时代较新,早期以断陷湖盆沉积为主,晚期受海侵影响,以海相沉积为主。

古生界主要分布于澳大利亚西北缘盆地群。晚泥盆世—早石炭世,派揣尔次盆断裂带附近可见粗碎屑岩,盆地边缘隆起区周围发育礁滩相沉积。南卡那封盆地、坎宁盆地和波拿巴特盆地上泥盆统—下石炭统在沉积相特征上具有相似性(朱伟林等,2013)。晚石炭世—早二叠世,冈瓦纳大陆大部分地区被极地冰川覆盖,持续时间达数千万年。受区域性冰川和冰河作用影响的近海沉积物遍布整个澳大利亚西北缘。二叠纪,波拿巴特盆地二叠系底部发育冲积平原相砂砾岩,向上逐渐过渡为海陆过渡相三角洲相沉积;鸟头-巴布亚地区主要为近海和海岸平原沉积环境,沉积了厚层泥岩夹砂岩、粉砂岩、煤,为宾都尼盆地的主要烃源岩。

三叠系主要分布于澳大利亚西缘盆地群,向北抬升剥蚀,鸟头-西巴布亚地区均未钻遇该套地层,巴新北部见上二叠统—下三叠统碎屑岩沉积,但已发生变质作用。

早三叠世,澳大利亚西缘形成了大规模的海相砂岩、页岩和碳酸盐岩沉积。早三叠世晚期,该区开始发生区域性海退,并在中三叠世后期达到高峰,之后发生小规模海侵,但海进速度比较缓慢,导致澳大利亚西缘发育了厚层河流-三角洲沉积。该套三角洲相沉积分布广泛,厚度大,部分地区平均厚度超过4 km,主要由厚层的砂岩、黏土岩及煤岩组成,是北卡那封盆地重要的烃源岩和最主要的储集层之一。

侏罗纪,澳大利亚西北缘处于大陆内部裂陷向大陆解体转换的过渡期,海底扩张加速了断裂活动和裂解过程。该期裂陷作用最初集中在澳大利亚西北部,然后向南延伸,一直延伸到巴斯海峡。受裂陷作用的影响,侏罗系厚度不均,这与澳大利亚二叠系、三叠系及新生界其他层系形成了鲜明的对比。早侏罗世,区域上继承了三叠纪沉积环境,南部为浅海台地沉积,其他地区为海陆过渡相沉积。中侏罗世,裂陷内形成了海相和三角洲相沉积,澳大利亚西北陆架的北卡那封盆地以海相泥岩沉积为主,是盆地重要的倾油型烃源岩;波拿巴盆地也广泛发育海相细粒沉积物;布劳斯盆地为浅水沉积环境,主要由三角洲的砂岩、泥岩、煤层以及沿岸平原相沉积组成。这一时期澳大利亚南缘的吉普斯兰盆地、奥特韦盆地、巴斯盆地等发育不同样式的裂陷构造,形成了相对狭窄的地堑、半地堑,主要为湖相沉积。早-中侏罗世,澳大利亚北缘的巴布亚盆地沉积了一套裂谷期的三角洲相-浅海相地层,西部地层的岩性为细粒到粗粒石英砂岩,局部有砾岩与泥岩互层,东部主要为煤系碳质泥岩。晚侏罗世,澳大利亚北缘的巴布亚新几内亚地区主要发育浅海相到三角洲相的砂岩、钙质泥岩、页岩和少量煤系以及滨岸相砂岩沉积。

白垩纪的构造活动主要为澳大利亚板块与南极洲板块的分离,澳大利亚南缘盆地群在早期半地堑基础上继承性发育了河流相、湖泊相、三角洲相碎屑岩沉积,沉积厚度可达3 km以上。澳大利亚西缘构造活动微弱,以区域热沉降为主,主要发育广泛海相页岩和碳酸盐岩沉积,为澳大利亚西缘盆地群的区域盖层。澳大利亚北缘的巴布亚盆地随着盆地热沉降和陆缘向海倾斜,整体以大规模滨浅海相-三角洲相沉积为主,形成了巴布亚盆地最重要的一个含油气系统。

古近纪的构造活动主要为印度板块、太平洋板块向欧亚板块俯冲,在东南亚地区发育大量的弧后裂谷盆地。不同盆地处于弧后地区的位置不同,受到的拉张应力强度有所不同,导致盆地的初始发育时期略有差异,但各盆地均以裂谷期湖相沉积为主,部分受海侵影响,发育海相沉积。澳大利亚周缘的构造活动整体较弱,以区域热沉降为主,各沉积盆地继承了晚白垩世以来的沉积环境,以海相页岩、碳酸盐岩沉积为主。始新世,巽他弧后的苏门答腊盆地、爪哇盆地等初始裂陷,发育河湖相砂、泥岩沉积,主要分布于局限的地堑内。整个弧后盆地群自东向西发生海侵,最东端的东爪哇地区地堑内沉积了一套海相页岩,部分地区受火山活动影响,砂泥岩中夹火山物质。在加里曼丹地区,始新世初期为陆相环境,库泰盆地、达拉根盆地、巴里托盆地等的底部沉积了一套底砾岩和砾状砂岩,随着望加锡海峡的海底扩张,盆地发生快速沉降和快速海侵作用,沉积环境转变为滨海-海侵大陆架-大陆斜坡-深海环境,盆地内普遍发育大套海相泥岩。渐新世,东南亚地区发生大规模海侵,沉积规模不断扩大,广泛接受裂谷晚期沉积物,在大多数盆地中充填冲积扇相、三角洲相沉积序列,后期受海相沉积环境的影响。其中中苏门答腊盆地沉积物以冲积扇相、河流相和湖沼相的碎屑岩为主;南苏门答腊盆地沉积物以冲积扇相为主,向上相变为海相页岩;爪哇地区以海相沉积为主。泰国湾盆地陆上部分发育一系列小型南北向地堑,以河湖相砂泥岩互层为主,偶见薄煤层;其东南方向的马来盆地、纳土纳盆地等为大套海相沉积。加里曼丹岛东缘靠陆一侧发育海侵三角洲相和海相沉积,远端为碳酸盐岩沉积。

中新世,由于印度板块与欧亚板块的汇聚速率降低,东南亚各地块挤出作用减弱,该地区进入一个重要的构造伸展期。在巽他弧后盆地,构造伸展期形成了一系列断块和低幅构造,并发育碳酸盐岩建造。由于持续沉降作用和海平面上升,整个东南亚地区在中新世沉积了广泛的海相页岩。泰国湾盆地为一套富含有机质的灰褐色页岩,夹薄而连续的煤层和砂岩层;东加里曼丹地区下部为滨海-三角洲相砂、泥岩互层,顶部为礁灰岩、生物碎屑灰岩;澳大利亚北缘虽已开始与欧亚板块、太平洋板块初始碰撞,但仍主要继承了漂移俯冲期的沉积环境,以海相页岩和碳酸盐岩沉积为主。

上新世,东南亚地区主要为海退沉积序列,南苏门答腊盆地广泛发育火山碎屑岩,中苏门答腊盆地主要为河流相-三角洲相砂岩、泥岩和碳质泥岩,北苏门答腊盆地主要为河流相、三角洲相及滨海相粗粒砂岩。澳大利亚北缘的宾都尼盆地、巴布亚盆地等,由于持续的弧陆碰撞和陆源碎屑物的大量注入,碳酸盐岩沉积减少,靠近陆缘主要以粉砂岩、砂岩以及互层的砾岩为主,局部可见植物碎片和褐煤;远离陆缘则以海相泥岩为主,见少量砂岩。

第 2 章
弧后裂谷盆地石油地质特征及勘探潜力

　　大洋板块向毗邻的大陆板块俯冲消减形成强烈活动的大陆边缘,称为主动大陆边缘,主要发育海沟、弧间、火山岛弧、弧后盆地等构造单元。弧后盆地在世界许多大洋边缘均有分布,印度尼西亚苏门答腊盆地和缅甸睡宝盆地是东南亚典型的弧后裂谷盆地。

　　晚白垩世印度洋的扩张导致板块向北漂移,印度洋板块与欧亚板块和西缅地块相互作用,特别是新生代以来,印度洋板块北部洋壳持续向欧亚大陆俯冲、碰撞,形成了印度尼西亚苏门答腊盆地和缅甸睡宝盆地等主动大陆边缘弧后裂谷盆地。

2.1　苏门答腊盆地

　　苏门答腊盆地处于印度尼西亚西部,总面积为 $41 \times 10^4 km^2$,整体呈弧形,北西向串珠状发育于巽他克拉通之上,主要包括北苏门答腊盆地、中苏门答腊盆地、南苏门答腊盆地三个次一级盆地,这些盆地大部分自陆上岛屿向北部海上延伸,盆地之间以北北东向横推断层或正断层造成的构造隆起相隔(何登发 等,2015)(图 2.1)。

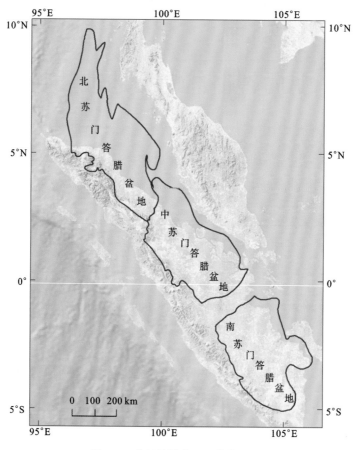

图 2.1　苏门答腊盆地区域位置图

　　苏门答腊盆地是印度尼西亚最大的油气富集区,累计石油可采储量 $24.5 \times 10^8 t$,天然气可采储量 $24 069.50 \times 10^8 m^3$ 。在该盆地发现了一批巨型油气田,包括米纳斯油田、杜里(Duri)油田两个世界级特大油田。目前北苏门答腊盆地探井 862 口,油气田 99 个,石油可采储量为 $1.02 \times 10^8 t$,天然气可采储量为 $6 371.33 \times 10^8 m^3$;中苏门答腊盆地探井 859 口,油气田 237 个,石油可采储量为 $19.03 \times 10^8 t$,天然气可采储量为 $10 137.49 \times 10^8 m^3$;南苏门答腊盆地探井 1 243 口,油气田 322 个,石油可采储量为

4.48×10^8 t,天然气可采储量为 $7\,588.96 \times 10^8$ m^3。此外,盆地剩余资源量较大,据美国地质调查局(USGS)(2010)数据统计,该盆地石油待发现资源量可达 1.33×10^8 t,天然气待发现资源量 $5\,974.89 \times 10^8$ m^3,这说明该盆地仍然具有较大的勘探潜力。

2.1.1　盆地构造及沉积演化

苏门答腊盆地位于印度尼西亚巽他岛弧的东侧,是白垩纪末期—古近纪早期印度洋板块向欧亚板块俯冲形成的弧后裂谷盆地。受到板块俯冲消减、巽他地块逆时针旋转及巴里桑(Barisan)造山等多种构造作用的影响,盆地经历了断陷期、拗陷期和挤压反转期三期构造演化阶段,形成了北苏门答腊、中苏门答腊和南苏门答腊三个沉积中心,与之对应,沉积地层由老到新依次为陆相、海陆过渡相和海相。

1. 构造特征及演化

1) 构造演化阶段

新生代以来,苏门答腊盆地处于弧后拉张背景下,总体经历了三期构造演化阶段,分别为始新世—晚渐新世的断陷期、早中新世—中中新世的拗陷期和晚中新世—现今的挤压反转期(Barber and Crow,2009)(图 2.2)。

始新世—晚渐新世为盆地的断陷期。始新世中期,盆地开始拉张,由于印度洋板块向欧亚板块俯冲碰撞,在苏门答腊盆地产生拉张作用,导致该地区构造活动强烈,大量基底断裂被活化,形成了一系列地垒、地堑和半地堑;盆地构造活动频繁,物源供给充沛,形成冲积扇、河流相等粗碎屑沉积。渐新世早期,构造活动趋于稳定,除北苏门答腊盆地发生局部抬升剥蚀以外,其他两个沉降中心沉积了湖相地层;渐新世晚期,构造活动减弱,受全球海平面上升的影响,盆地南北两侧发生了大规模海侵,发育三角洲相及海相沉积。

早中新世—中中新世为盆地的拗陷期。渐新世末期,由于印度洋扩张以及澳大利亚板块向北与欧亚板块碰撞,导致苏门答腊盆地所在的巽他古陆发生逆时针旋转,产生一个短暂的构造挤压抬升,结束盆地的断陷期构造演化阶段。之后在中新世早期,由于岩浆上涌、地壳减薄,盆地进入拗陷期构造演化阶段,整体均匀沉降,地层厚度横向变化较小,随着海侵进一步加大,海陆过渡相和海相沉积区域性发育。

晚中新世之后为盆地的挤压反转期。该阶段由于印度板块向北斜向俯冲加剧,盆地受压扭性应力控制,造成巴里桑山脉的快速隆升,地堑边界断层发生逆向活化和构造反转,形成一系列高角度逆断层和褶皱。伴随着强烈的挤压抬升,盆地内开始发生海退,在巴里桑山脉附近抬升剥蚀,沉积地层依次为河流相、三角洲相及滨浅海相。

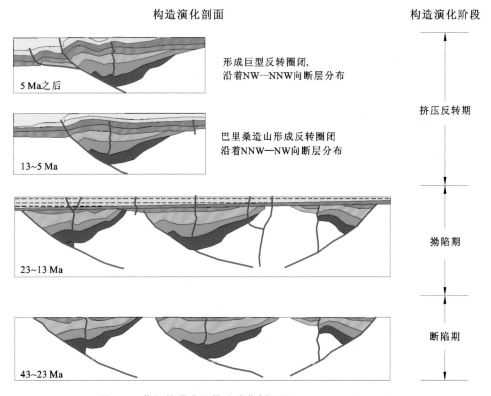

图 2.2　苏门答腊盆地构造演化剖面(Yarmanto et al., 1995)

2) 断裂展布特征

在构造演化的不同阶段,不同方向和性质的构造应力控制着苏门答腊盆地断裂体系特征和展布,按照断层特征大致可以分为正断层、走滑断层以及逆断层三类。其中,正断层主要形成于断陷期,走滑断层与逆断层分别在坳陷期和挤压反转期发育(图 2.3)。

断陷期由于印度洋板块向欧亚板块北东向俯冲碰撞,在苏门答腊盆地产生北东向拉张应力,产生了一系列北西向、北北东向正断层,与苏门答腊大断裂走向大致平行。从地震剖面断层特征来看,这类断层多为铲式单断型,是基底断层活化形成的控盆大断裂,控制着盆地内地堑和半地堑的发育。虽然这类断层是在统一弧后拉张背景下形成的,但是在盆地内的展布特征有一定差异性。中苏门答腊盆地断陷期正断层在整个盆地均发育,断层延伸长、断距大,控制多个半地堑和地堑的展布。北苏门答腊盆地断陷期正断层分布相对局限,主要分布在盆地中部及北部,中部为北西向,而北部为北北东向或者近南北向。南苏门答腊盆地断层主要分布在盆地中西部,断层延伸短、数量多、断距小,盆地东部早期正断层很少。

坳陷期由于印度洋板块俯冲以及欧亚板块和澳大利亚板块碰撞,导致巽他地块

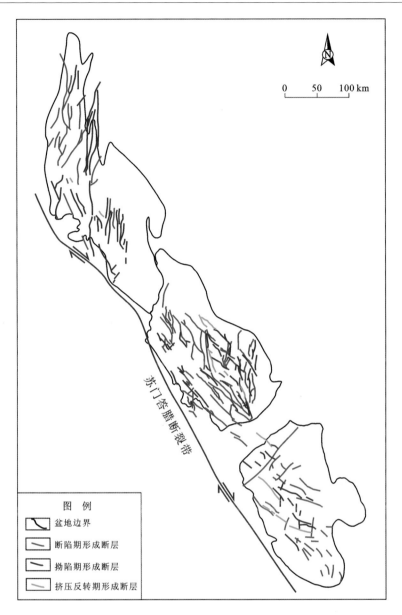

图 2.3　苏门答腊盆地断裂平面分布图

逆时针旋转,产生区域性右旋剪切应力,形成的大量走滑断层,主要分布在盆地中部和南部,以北西向为主,组成雁列式、平行式断裂组合,大致与盆地南部边界平行。从走滑断层分布特征来看,北苏门答腊盆地与中苏门答腊盆地走滑作用最为明显。

挤压反转期苏门答腊盆地遭受了北东—西南向区域性挤压应力作用,早期北西向、北北东向正断层在强烈挤压背景下,大部分正断层活化逆冲形成逆断层,这类逆断层主要分布在中、南苏门答腊盆地,北苏门答腊盆地较少发育。

2. 沉积充填与演化特征

响应于苏门答腊盆地三期构造演化阶段,整个盆地经历了一个海进—海退的海平面变化旋回,在不同的构造演化阶段,地层发育特征、沉积相展布以及岩性分布都具有明显的差异性。断陷期,受地堑和半地堑的地貌特征控制,地层分布相对局限,以陆相沉积为主,晚期开始遭受海侵;拗陷期,盆地整体沉降,地层分布广泛,由于大规模海侵作用,区域性发育滨浅海相、三角洲相等沉积,以灰岩、海相泥岩等为主;挤压反转期,由于区域性抬升作用,盆地逐步发生海退,物源充足,以河流相、三角洲相沉积为主。另外,由于北、中、南苏门答腊盆地三个盆地受其所在地区的构造作用差异、海水侵入方向以及物源影响程度等不同,在各演化阶段,沉积环境与地层岩性在横向上也具有一定的差异性(图 2.4)。

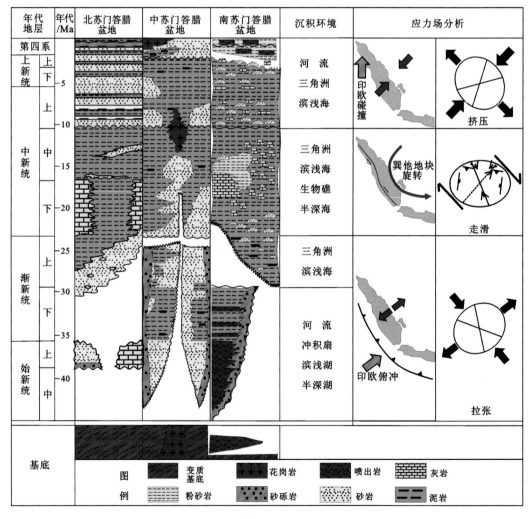

图 2.4 苏门答腊盆地地层充填及沉积特征

断陷期(始新世—渐新世),盆地以分割性较强的地堑和半地堑构造为主,沉积地层分布较为局限。始新世构造活动强烈,盆地周缘物源供给充沛,河流相、冲积扇相、滨浅湖相沉积发育,以杂色粗碎屑砾岩和粗砂岩为主,局部地区发育火山岩、碳酸盐岩和泥岩。早渐新世构造相对稳定,湖水面积扩大、水体深,在中苏门答腊盆地边界正断层控制下形成了半深湖相沉积,南苏门答腊盆地以滨浅湖相为主。晚渐新世构造活动减弱,北苏门答腊盆地发生构造沉降,受来自中北部海侵的影响,沉积了一套稳定的黑色、灰色泥岩。南苏门答腊盆地则局部发生了构造抬升,地层剥蚀,形成局部不整合面,之后盆地发生构造沉降,三角洲大面积推进,受来自南部海侵的影响,盆地各凹陷沉积了灰色-黑色滨浅海相泥岩(图 2.5)。

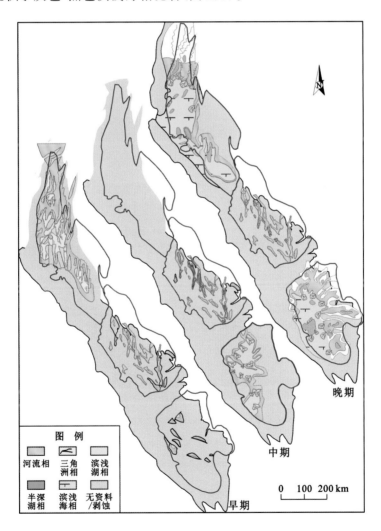

图 2.5　苏门答腊盆地断陷期三期沉积相平面图

拗陷期(早中新世—中中新世),整个苏门答腊盆地处于相对稳定的构造背景,盆地整体沉降,海水从不同方向大规模侵入,形成广泛的海相沉积。在南、北苏门答腊盆地均发育一套碳酸盐岩,尤其是局部构造高地发育生物礁,形成了盆地内重要的储集层;同时期的中苏门答腊盆地受北部物源供给影响,发育三角洲相沉积,控制了盆地主力储集层的分布。

晚中新世以来,苏门答腊盆地处于挤压反转期,受挤压作用影响,南部的巴里桑山脉隆起,盆地边缘早期沉积地层被剥蚀,大量碎屑物质从盆地西南部输入,广泛发育三角洲相沉积,特别是北苏门答腊盆地物源供给充足,为河流、三角洲沉积环境,以细-中粒砂岩及灰色页岩为主。

总之,苏门答腊盆地在断陷期沉积了始新统—渐新统,为陆相或海陆过渡相沉积,早期以粗碎屑为主,中晚期沉积细粒物质,有火山岩的侵入;拗陷期沉积了下中新统—中中新统,海水侵入,主要为一套三角洲-浅海相沉积;挤压反转期沉积了上中新统—第四系,发育河流-三角洲-海相沉积,整体表现了一个海侵—海退的完整沉积旋回。

2.1.2　盆地油气地质特征

苏门答腊盆地油气资源非常丰富,从目前油气发现情况看,三个盆地油气发现情况差异很大。北苏门答腊盆地发现油田 49 个,可采储量 2.24×10^8 t 油当量,发现气田 50 个,可采储量 5.53×10^8 t 油当量,油气比约为 3:7;中苏门答腊盆地发现油田 210 个,可采储量 20.27×10^8 t 油当量,发现气田 27 个,可采储量 0.98×10^8 t 油当量,油气比约为 21:1;南苏门答腊盆地发现油田 145 个,可采储量 4.43×10^8 t 油当量,发现气田 177 个,可采储量 6.79×10^8 t 油当量,油气比约为 4:5。苏门答腊三个次盆油气发现的差异性与其油气地质条件及成藏主控因素的直接相关。北苏门答腊盆地发育两个以陆源海相为烃源岩的含油气系统,盆地以气为主;南苏门答腊盆地则主要发育一个以三角洲相煤系地层为主力烃源岩的含油气系统,总体上油气兼生,生气量较大;中苏门答腊盆地发育一个半深湖相泥岩为烃源岩的含油气系统,盆地以生油为主。

1. 北苏门答腊盆地油气地质特征

北苏门答腊盆地面积 156 062 km²(其中海域 121 654 km²,陆上 34 408 km²),主要部分位于印度尼西亚境内。从已发现油气可采储量来看,该盆地是印度尼西亚第三大富油气盆地,目前共有 99 个油气发现,受南北不同含油气系统的控制,呈现"北气南油"的油气富集规律。盆地中北部以气为主,烃源岩为上渐新统 Bampo 组,储层为其上的生物礁；中南部以油为主，烃源岩为中中新统 Baong 组，储层为中中新统 Baong 组、上中新统 Keutapang 组及上新统 Seurula 组碎屑岩（图 2.6）。这种油气的平面规律性分布受控于盆地构造格局、主力烃源岩的类型及成熟度、储层的差异、油气运聚方式等不同因素。

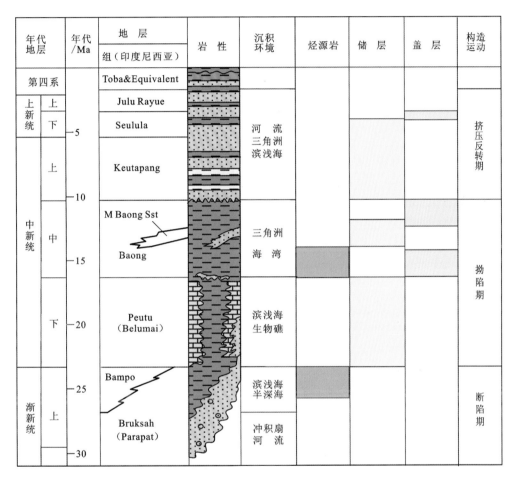

图 2.6　北苏门答腊盆地地层综合柱状图

1）烃源条件

盆地主要发育两套烃源岩，即上渐新统 Bampo 组及中中新统下 Baong 组陆源海相烃源岩，这两套烃源岩在沉积特征、成熟度、地化指标等方面存在一定的差异。

上渐新统 Bampo 组烃源岩沉积于断陷期晚期的半封闭海湾环境中（图 2.7），此时整个盆地遭受来自西部安达曼海海侵以及盆地北部充沛的物源影响，印度尼西亚境内 Bampo 组优质烃源岩主要分布在盆地中北部，而盆地南部由于地层厚度较小而且局部出露地表遭受剥蚀，这套烃源岩不发育。从烃源岩的地球化学指标来看，干酪

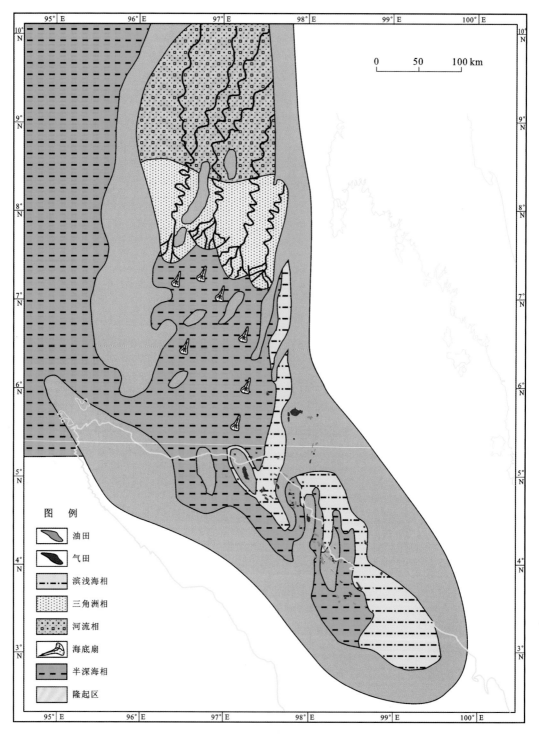

图 2.7 北苏门答腊盆地上渐新统 Bampo 组沉积相图

根类型为 II～III 型,总有机碳(total organic carbon,TOC)为 0.5%～1.2%,氢指数 (hydrogen index,HI)为 100～331 mg HC/g TOC[总烃含量(total hydrocarbons, HC)],为中等-好烃源岩(图 2.8)。该套烃源岩形成于断陷期晚期,埋深较大,普遍进入生气窗,以生气为主,是盆地北部天然气的主要来源。

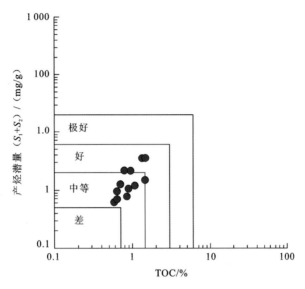

图 2.8　北苏门答腊盆地上渐新统 Bampo 组烃源岩地球化学特征
S_1 为吸附烃;S_2 为干酪根热解烃

中中新统下 Baong 组陆源海相烃源岩形成于盆地的拗陷期,该时期发生大规模海侵,形成了广泛分布的滨浅海-半深海环境,由于盆地中部与广海沟通范围很大、后期地层埋深较浅,该套烃源岩主要分布在盆地南部,南部物源供给相对较少,形成的三角洲规模远小于北部三角洲,主要是滨浅海相沉积环境(图 2.9)。钻井揭示该套烃源岩以黑色-灰黑色泥岩、页岩为主,盆地南部厚度大,最厚可达 1500 m。该套烃源岩干酪根类型为 II～III 型,TOC 为 0.4%～1.7%,最大为 3.8%,HI 为 100～700 mg HC/g TOC,平均为 400 mg HC/g TOC,相比中北部 Bampo 组,该套烃源岩具有更高的 HI,同时姥鲛烷/植烷值低(谯汉生和于兴河,2004),总体上受物源扰动少,烃源岩形成于弱氧化至还原环境,为倾油型干酪根,因此北苏门答腊盆地的中南部以生油为主。

2) 储盖条件

盆地主要发育三套储层,分别为下中新统 Peutu 组碳酸盐岩、中中新统的 Baong 组三角洲砂岩和上中新统的 Keutapang 组三角洲砂岩。其中,Peutu 组碳酸盐岩储层中发现的油气占总储量的 73.6%,该类储层主要分布在盆地的中北部;Baong 组与 Keutapang 组砂岩中发现的油气占总储量的 25.7%,该类储层主要分布于盆地中南部。

下中新统 Peutu 组储层主要为海侵期生物礁建隆,以阿隆(Arun)灰岩最典型。阿隆灰岩为一个大型的、由多个珊瑚藻补丁礁组成的椭圆状复合体(图 2.10),沉积于

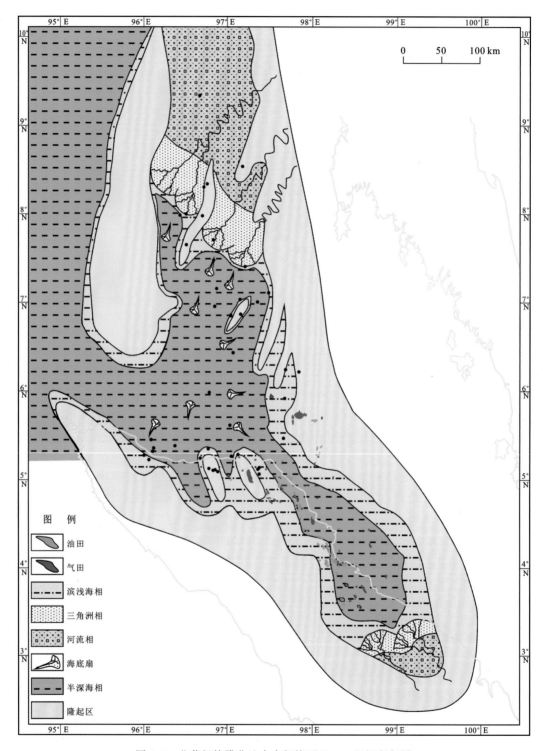

图 2.9 北苏门答腊盆地中中新统下 Baong 组沉积相图

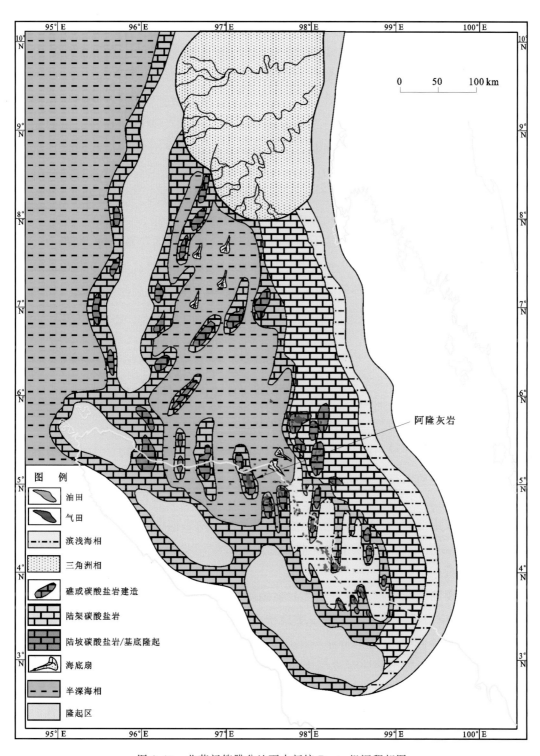

图 2.10　北苏门答腊盆地下中新统 Peutu 组沉积相图

图　例
油田
气田
滨浅海相
三角洲相
礁或碳酸盐岩建造
陆架碳酸盐岩
陆坡碳酸盐岩/基底隆起
海底扇
半深海相
隆起区

阿隆灰岩

基底古隆起之上。主要由礁核、礁前、礁后、潟湖相四种亚相组成,其中礁核占总体积的 39%、礁前为 15%、潟湖相为 33%。阿隆灰岩平均厚度为 210～260 m,最厚为 330 m,储层孔隙度为 6%～33%,平均为 16%,渗透率为 1～1 466 mD[①],平均为 13.5 mD,储层相变非常快,物性横向变化也很大。

中中新统 Baong 组与上中新统的 Keutapang 组砂岩储层均形成于海退三角洲相沉积环境中,两套砂岩储层主要分布在盆地中南部。例如兰陶(Rantau)油田的储层为 Keutapang 组三角洲相砂岩,该套砂岩形成于三角洲水下分支河道和河口坝沉积环境,储层厚度约 600 m,有效厚度 220 m,为极细-中等粒度的石英砂岩,磨圆、分选较好,泥质含量低,胶结弱,孔隙类型主要为粒间孔,孔隙度为 20%～30%,平均为 25%,渗透率为 50～200 mD,最大可达 2 000 mD。

盆地内主要发育三套盖层,其中中中新世随着盆地的整体快速沉降,沉积中心被 Baong 组滨浅海-半深海相泥岩所充填、覆盖,此时北苏门答腊盆地在中中新世晚期达到最大海泛,沉积稳定的海相泥岩,形成全盆地发育的区域性盖层。后期沉积的上中新统和上新统的层间泥岩为局部盖层。

3) 油气成藏模式

北苏门答腊盆地的油气藏类型主要有构造(断背斜和背斜)油气藏、生物礁油气藏、断块油气藏以及地层-岩性油气藏,其中以构造油气藏和生物礁油气藏为主(图 2.11)。生物礁油气藏通常发育在盆地中北部凹陷间的凸起上或者盆地东侧地台上,以下中新统 Peutu 组碳酸盐岩为储层,下部 Bampo 组陆源海相烃源岩生成的天然气沿断层近距离垂向或侧向运移至圈闭中形成油气藏。构造油气藏主要分布在盆地中南部和东南部,中中新统 Baong 组和上中新统 Keutapang 组地层受到巴里桑山脉抬升、挤压作用影响而发生褶皱,形成了近北—南向或者北西—南东向的背斜和断背斜圈闭,来自下伏 Bampo 组和 Baong 组中段烃源岩生成的油气,沿断层垂向运移至浅层背斜圈闭中聚集成藏。

两类主要油气成藏模式的差异性与盆地断陷早期形成的凹凸相间格局、储层展布特征、挤压应力作用等有关。下中新统 Peutu 组沉积相控制生物礁或碳酸盐岩建隆呈孤立椭圆状、近南北走向分布于早期形成的凸起上。靠近生烃中心、处于油气优势运移通道上的生物礁圈闭形成了生物礁油气藏。拗陷期盆地中南部受压扭性应力作用,形成了一系列近平行的走滑断层,同时晚中新世巴里桑山脉隆升造山时,在这些区域形成了一系列挤压背斜、断背斜圈闭,来自下部的烃源岩生成的油气垂直向上运移至背斜、断背斜圈闭中聚集成藏。

---

① 1 D=1 μ。

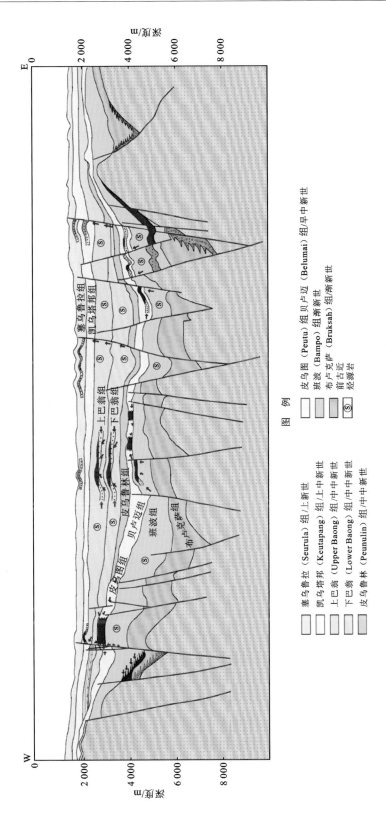

图 2.11　北苏门答腊盆地油气成藏模式图

4) 含油气系统

北苏门答腊盆地发育下、上两个含油气系统,即上渐新统 Bampo 组—下中新统 Peutu 组含油气系统和中中新统 Baong 组含油气系统(图 2.12),这两个含油气系统中发现的油气占盆地总储量的 70%~90%。受这两个油气系统发育的层位、位置、生烃时间、圈闭形成时间等因素控制,盆地中油气分布平面上呈现差异性(Kingston,1978)。

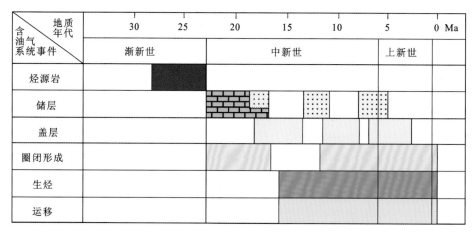

(a) 上渐新统Bampo组—下中新统Peutu组含油气系统

(b) 中中新统Bampo组含油气系统

图 2.12　北苏门答腊盆地两个含油气系统图

上渐新统 Bampo 组—下中新统 Peutu 组含油气系统主要发育在盆地北部。该含油气系统烃源岩为上渐新统 Bampo 组陆源海相页岩,以生气为主,受断陷期古地貌控制,烃源岩主要发育在地堑或半地堑中,在盆地北部分布较广泛且已经成熟。储层主要为下中新统 Peutu 组碳酸盐岩,局部地区有少量下中新统及上覆地层的碎屑岩。盖层为中中新统广泛发育的海侵泥岩。

Peutu 组生物礁圈闭形成于古凸起之上,从早中新世海侵开始发育,圈闭随着生物礁的生长而逐步定型,后期巴里桑山脉隆升,形成了宽缓的、与挤压相关的构造圈闭。Bampo 组烃源岩从中中新世(16 Ma)开始成熟,晚中新世开始生气,在北部的主要凹陷中均生成了大量天然气,通过伸展断层、不整合面及砂体运移至附近的生物礁圈闭或宽缓的浅层背斜圈闭中成藏。从含油气系统各要素的形成时间,尤其是油气生成及运移时间与圈闭形成时间来看,圈闭形成时间早于油气生烃时间,匹配关系良好,具备形成大油气田的石油地质条件[图 2.12(a)]。

中中新统 Baong 组含油气系统主要发育在盆地中南部,油气兼生,生油量大于生气量。该含油气系统烃源岩为中中新统 Baong 组陆源海相泥岩,储层为中中新统 Baong 组或上中新统 Keutapang 组三角洲相、滨浅海相砂岩,盖层为层间海侵泥岩。圈闭主要为晚中新世挤压形成的背斜或者断背斜圈闭。Baong 组烃源岩在盆地中南部的深凹陷中达到成熟,以生油为主。下部烃源岩生成的油气通过挤压走滑断层或者泥岩刺穿构造,在晚中新世(11 Ma)及以后垂直运移到上部的背斜圈闭中成藏。圈闭主要形成于早中新世和晚中新世两个时期,油气主力运移期为晚中新世—上新世,运移时间晚于圈闭定型期,有利于圈闭捕获油气[图 2.12(b)]。

2. 中苏门答腊盆地油气地质特征

中苏门答腊盆地是整个印度尼西亚油气资源最为富集的盆地,印度尼西亚石油产量和储量的一半都来自这个盆地。该盆地发育四个主力生烃中心,在其周缘形成了包括世界级大油气田杜里油田和米纳斯油田在内的一大批油气田。中苏门答腊盆地油气可采储量几乎是北苏门答腊盆地的三倍之多,而且主要以产油为主,这与该盆地优越的石油地质条件息息相关。早渐新世发育的半深湖相烃源岩为主力烃源岩,早-中中新世大规模发育的海陆过渡相三角洲砂岩提供了优质储层,晚期大规模海侵泥岩形成区域性盖层(董国栋 等,2013)(图 2.13)。

1) 烃源条件

中苏门答腊盆地主要发育古近系上始新统—渐新统 Pematang 群湖相烃源岩(图 2.14)。该套烃源岩受控于断陷期分割性较强的地堑和半地堑,主要分布在断陷控凹断层下降盘,沉积时期水体深而稳定,有利于有机质的生长和保存。从整体上看,该盆地烃源岩形成于半深湖、浅湖和沼泽三种沉积环境。半深湖相泥岩为主力烃源岩,局限在盆地的几个深凹陷中,主要生成石油,藻类无定形居多,姥鲛烷/植烷的比值表明烃源岩为缺氧环境(Longley et al.,1990),甲基甾烷 $C_{28}\sim C_{30}$ 的浓度高,I~II型干酪根(图 2.15),TOC 平均 2%~4%,最高 12%,HI 为 100~900 mg HC/g TOC。浅湖和沼泽环境形成的碳质泥岩、煤层烃源岩为次要烃源岩,分布范围局限,以生气

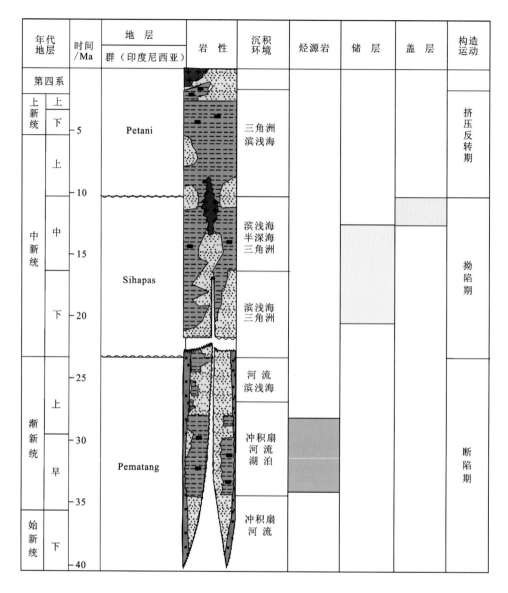

图 2.13　中苏门答腊盆地地层综合柱状图

为主,兼生少量凝析油和油,显微组分多为腐殖特征的镜质组、壳质组和惰质组,TOC
高达 43%,HI 最高达 582 mg HC/g TOC(Williams et al.,1995)。

　　中苏门答腊盆地基底埋藏浅,但地温梯度高,平均为 4.98 ℃/100 m,在 Pedada
油田测得的地温梯度高达 13.66 ℃/100 m,盆地出现异常高温及高地温梯度,对烃源
岩的成熟非常有利,大大降低了烃源岩的生烃门限,因此中苏门答腊盆地在 1 200 m
左右即可进入生油门限。

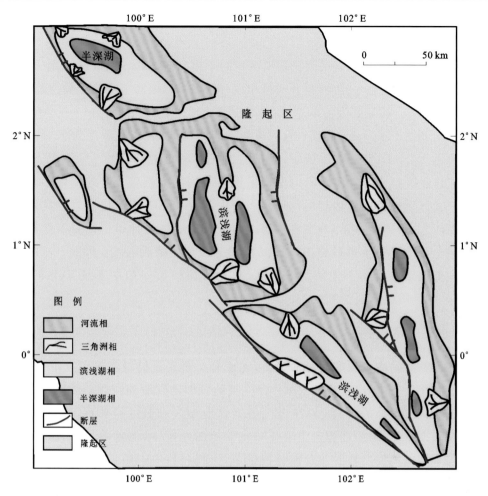

图 2.14 中苏门答腊盆地上始新统—渐新统 Pematang 群烃源岩沉积相图

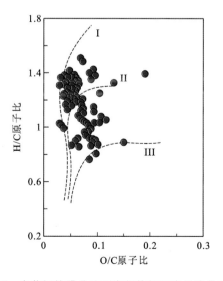

图 2.15 中苏门答腊盆地下渐新统烃源岩地球化学特征

2) 储盖条件

中苏门答腊盆地主要储层为拗陷期沉积的下中新统 Sihapas 群 Duri 组、Bekasap 组和 Menggala 组河流–三角洲相及浅海相细–粗粒砂岩,该套下中新统储层的可采储量占盆地的 95%,孔隙度为 10%～40%,渗透率较高,储层物性良好(Arnold,1992)。始新统—渐新统 Pematang 群砾岩及河流相砂岩为次要储层,孔隙度为 18%～23%,渗透率可达 122 mD,储层物性较好,但目前油气发现的储量较少。另外在上中新统 Petani 群海侵砂岩及河口坝砂岩中发现了生物成因的天然气。盆地发育多套泥岩,形成了一套区域性盖层和多套局部盖层。中中新统 Telisa 组海侵页岩全盆地分布,泥岩厚度较大,封盖能力强,为主要盖层。而且受这套区域性盖层的封盖作用,油气没有到达上覆的 Petani 群砂岩中,Petani 群砂岩仅产生物成因气。因此,中苏门答腊盆地的主要储盖组合为下中新统 Sihapas 群中下段砂岩—中中新统 Telisa 组海侵页岩。

3) 油气成藏模式

中苏门答腊盆地发现的大量油气田,无论是产量还是储量都占印度尼西亚总产量和储量的将近一半,已发现油气藏类型主要为背斜油气藏和断背斜油气藏,其他类型的油气藏只占很小的比例。从中苏门答腊盆地油气成藏过程来看,在晚始新世—渐新世断陷期,半深湖相烃源岩主要分布在盆地的地堑、半地堑中;早中新世—中中新世拗陷早期大规模发育的三角洲相提供了优质储层;中中新世末拗陷晚期海侵泥岩形成了区域性盖层;从晚中新世开始盆地挤压反转期则是圈闭的主要形成时期(许凡 等,2010)。从烃源岩热演化历史来看,由于该盆地热流值较高,生烃门限深度浅,大约在 1 200 m 左右,早中新世开始生烃,生烃持续时间较长,晚中新世—上新世达到生排烃高峰。烃源岩生成的油气主要沿着断层垂向运移至断背斜、背斜圈闭中,最终在距离生烃中心较近的圈闭中近源成藏;局部地区,油气沿着断层垂向运移,进入中新统砂岩中后发生横向运移,可在距生烃中心较远的圈闭中远源成藏(图 2.16)。

杜里油田是一个典型的近源背斜油气藏。该油田位于罗干(Rokan)隆起上,为被一系列南北向小断层切割的背斜构造。背斜轻微不对称,西翼倾角在 5° 左右,东翼倾角为 2°。油田位于背斜的顶部,圈闭长约 18 km,宽 8 km,面积 99 km²,闭合高度将近 250 m。杜里油田紧邻主力生烃凹陷北阿曼(North Aman)凹陷,油源条件十分优越,储层为中新统三角洲相分流河道及河口坝砂体,岩性主要为砂岩、粉砂岩,厚度大、物性好,晚期海相泥岩、页岩为盖层,具有良好的封盖能力。烃源岩生排烃以后,油气能够顺畅地沿着控凹断层垂向运移,油源断层与早期形成的背斜相沟通,形成了良好的成藏条件。

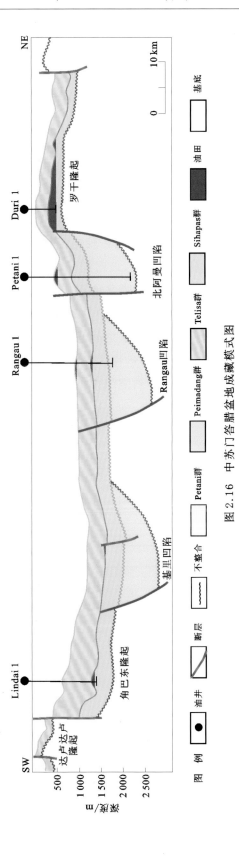

图 2.16　中苏门答腊盆地成藏模式图

4）含油气系统

中苏门答腊盆地主要发育始新统—中新统含油气系统(图 2.17)。始新统—渐新统 Pematang 群半深湖相暗色页岩为主力烃源岩,这套烃源岩主要分布在南北走向的地堑和半地堑中。下中新统 Sihapas 群河流相和滨浅海相砂岩是最主要的储层,在早中新世,苏门答腊盆地南北两侧发生大规模海侵,以海相沉积为主,形成了大范围分布的碳酸盐岩储层,但中苏门答腊盆地受北部物源的影响,发育大规模三角洲相沉积,这套三角洲相砂岩结构和成分成熟度都较高,埋深较浅,形成了盆地中质量最好的储层。中中新世末期,盆地发生区域性海进,海水水体加深,沉积了广泛发育的海相泥页岩 Telisa 组,这套泥页岩后期构造破坏较弱,因而形成了该盆地区域性盖层。圈闭形成始于早中新世,定型在中中新世,该时期受区域性挤压应力作用,在盆地内形成了多种类型的背斜圈闭。中苏门答腊盆地深层烃源岩油气的生排烃时间始于25 Ma,埋藏较浅的半深湖相主力烃源岩在晚中新世以后达到生烃高峰。圈闭定型时间早于烃源岩的主生排烃期,油气成藏要素之间匹配关系良好,具有大规模捕获油气的条件。油气主要沿着源内疏导层进行运移,之后经过控凹的油源大断裂沟通,发生大规模垂向运移,进而在早期形成的背斜圈闭、断背斜圈闭等圈闭中聚集成藏。盆地在上新世以后未遭受强烈构造活动破坏,加上区域盖层良好的封盖能力,先期形成的油气藏得到了有效保存。

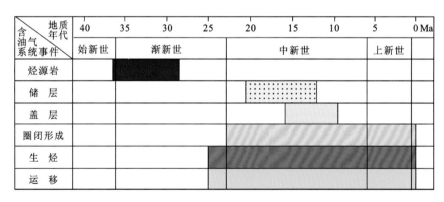

图 2.17　中苏门答腊盆地 Pematang 群—Sihapas 群含油气系统图

3. 南苏门答腊盆地油气地质特征

南苏门答腊盆地位于苏门答腊岛南部,是印度尼西亚第五大油气产区,共发现322 个油气田,其中在产的油气田为 70 个,油气可采储量比为 4∶5,油气均有发现,以气为主。已发现油气田主要分布于盆地中部和北部的四个富生烃凹陷内及周缘,勘探程度较高;盆地南部和东部油气发现较少,勘探程度较低。

与北苏门答腊盆地和中苏门答腊盆地相比,南苏门答腊盆地初始断陷时间略早,物源充足,始新统与下渐新统发育大量凝灰质砂岩、角砾岩、砾岩,滨浅湖相分布较为广泛,半深湖相只在凹陷局部地区发育,生烃潜力有限。在断陷晚期,盆地发育大规模海陆过渡相三角洲,形成了南苏门答腊盆地上渐新统—下中新统的 Talang Akar 组海陆过渡相三角洲相煤系主力烃源岩。盆地主要储层为上渐新统—下中新统 Talang Akar 组砂岩和下中新统 Batu Raja 组灰岩,上渐新统—下中新统 Talang Akar 组层间泥岩、页岩以及下中新统—中中新统 Gumai 组页岩、泥岩为区域盖层(刘亚明和张春雷,2012)(图 2.18)。

1) 烃源条件

晚渐新世晚期至早中新世(Talang Akar 组上段沉积时期),南苏门答腊盆地发生区域性构造沉降,随后从盆地中南部向东北部发生一期广泛的海侵作用,沉积了三角洲相碳质泥岩、煤系和砂岩,以及滨浅海相泥页岩(图 2.19)。特别是来自东北部隆起的沉积物源充沛,向盆内推进,多期三角洲相互叠置,在平面上形成广泛分布的三角洲相沉积,地震剖面上,能见到三角洲前积反射结构。三角洲煤系地层及暗色泥岩为盆地最重要的一套烃源岩,主要分布在中北部的四个凹陷中,其他地区上渐新统沉积厚度很薄,埋藏也很浅,烃源岩潜力有限。

上渐新统 Talang Akar 组烃源岩干酪根类型主要为 II 型,HI 相对较高,为 250～400 mg HC/g TOC,氧指数(oxygen index,OI)为 20～60 mg CO_2/g TOC,最大裂解温度 T_{max} 为 410～440 ℃,TOC 为 1.5%～8.5%,局部煤层 TOC 可达 50%,属于既倾气又倾油型的较好-好烃源岩(图 2.20)。显微组分分析也表明,Talang Akar 组烃源岩中镜质组含量较高,说明陆源有机质贡献较大(袁浩 等,2012)。

盆地热流值较高,平均热流值为 106 mW/m^2,最大 129 mW/m^2。高热流作用主要发生在中中新世,这种高热流值一方面与地壳减薄有关,另一方面可能与火山活动有关。地温梯度平均为 52.2 ℃/km,最大为 82.3 ℃/km。高地温梯度和大地热流值导致生烃门限大大降低,烃源岩埋深大于 2 160 m 即可成熟生油,甚至在局部地区 1 200 m 便达到生烃门限。

从南苏门答腊盆地上渐新统烃源岩特征来看,受断陷期古地貌、物源以及海侵作用影响,该套三角洲煤系烃源岩主要分布在盆地中北部的凹陷中,有机质类型好、丰度高,由于高的地温梯度和热流值导致生烃门限深度较浅,总体为油气兼生,且生气量略高于生油量。

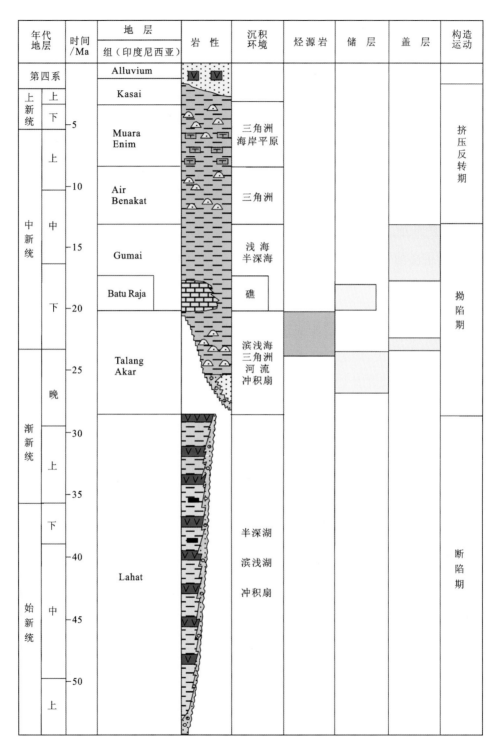

图 2.18　南苏门答腊盆地地层综合柱状图

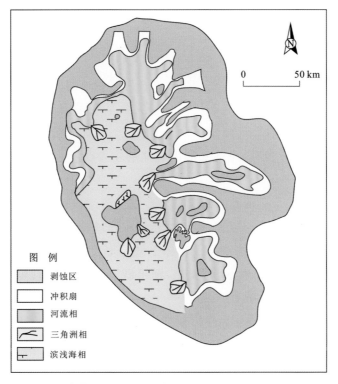

图 2.19　南苏门答腊盆地晚渐新世 Talang Akar 组沉积相图

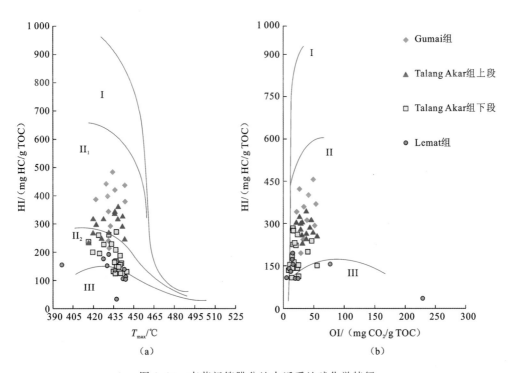

图 2.20　南苏门答腊盆地古近系地球化学特征

2）储盖条件

南苏门答腊盆地自下至上发育多套优质储层。其中，上渐新统—下中新统 Talang Akar 组砂岩和下中新统 Batu Raja 灰岩为该盆地的两套主要储层，目前绝大多数油气均发现于这两套储层。经过多年的勘探，基底潜山作为重要储层越来越被石油公司重视，而且已经在该套储层中发现了油气。从储层分布上来看，两套主力储层分布广泛，全盆地均有发育，而基底潜山类储层主要受控于古隆起的分布，在盆地中北部较为发育。

上渐新统 Talang Akar 组砂岩储层主要形成于河流-三角洲相沉积体系，包括曲流砂坝相、辫状河道相、分流河道相、河口坝相等沉积微相，为细砂岩、中砂岩、含砾砂岩，结构成熟度和成分成熟度均不高。整体上储层厚度为 60～1 200 m，有效厚度为 20～360 m，次生孔隙为主，原生孔隙为辅。河道砂岩物性最好，孔隙度一般为 15％～29％，渗透率最高可达 2 600 mD。

下中新统 Batu Raja 组储层为浅海陆架生物礁灰岩，储层毛厚度平均 60 m，孔隙度为 16％～18％，最大为 30％，渗透率为 500～3 600 mD。位于南苏门答腊盆地中东部的 Ramba 油田以 Batu Raja 生物礁灰岩储层为主，可分为下、上两段，下段为含底栖有孔虫粒泥灰岩，平均厚度 15 m，局部发育生物礁；上段为碳酸盐岩浅滩，厚 60 m，由骨架粒泥灰岩、粒灰岩组成。

基底潜山类储层主要由裂缝性花岗闪长岩和石英岩组成，分布在古隆起区，从已发现基底潜山储层物性来看，孔隙度最高可达 50％（谯汉生和于兴河，2004）。南苏门答腊盆地是整个苏门答腊盆地中基底潜山油气发现最多的盆地，共有 28 个油气发现，最大的为苏班（Suban）气田，总的可采储量为 0.45×10⁸ t 油当量，在构造运动形成的剪切应力叠合区，构造裂缝最发育，为油气提供了有利的储集空间。

3）油气成藏模式

南苏门答腊盆地已发现油气藏类型主要是构造（背斜、断背斜）油气藏，此外在该盆地中还发现了构造-地层复合油气藏以及基底潜山油气藏，这三类油气藏不但在发现规模上有差别，在油气成藏模式上也具有一定的差异性（图 2.21）。构造油气藏和构造-地层复合油气藏可以分为源内横向运移聚集成藏模式和源上垂向运移成藏模式两种。上渐新统三角洲相煤系烃源岩中生成的油气，沿着源内砂体横向运移，在上渐新统已形成圈闭的三角洲相砂岩储层中聚集成藏，形成自生自储式油气藏；另外一种是油气生成以后，沿着晚期逆向活化的断层垂向运移，并在局部与砂体配合侧向运移，在晚期形成的背斜中聚集成藏，形成古生新储式油气藏。基底潜山油气藏主要是烃源岩生排烃以后，油气沿着砂体和不整合面横向运移，在基底构造高部位的潜山型

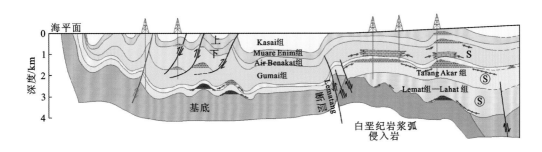

图 2.21　南苏门答腊盆地油气成藏模式图

储层中聚集成藏,形成新生古储式油气藏。

坦皮奥(Tempino)油田是一个典型的构造(背斜)油气藏,位于南苏门答腊盆地占碑凹陷附近。该油田的圈闭主要形成于挤压反转期,是在区域性挤压应力作用下,早期地层发生强烈反转和褶皱,形成了面积和闭合高度都较大的圈闭,油气沿着逆向活化的断层垂向运移成藏。储层为上中新统 Benakat 组的砂岩储集层,油层顶部埋深 590 m,油层厚度达 244 m,平均孔隙度 30%,可采储量可达 $0.12×10^8$ t。

东贝纳卡特(East Benakat)油田为构造-地层油气藏,圈闭主体是晚白垩世到早古近纪形成的北西—南东向断背斜,长 12 km,宽 1.5 km,最大闭合高度 160 m,被一条北西—南东向的高角度逆断层切割为现今断块,东块上升,西块下降,最大垂直落差约 150 m。油气聚集在上盘断背斜中,横向上碳酸盐岩储层岩性与物性有明显变化,为典型构造控成藏、岩性控分布的油气藏。

基底潜山油气藏主要位于基底隆起部位,油气主要沿烃源岩层间砂体、不整合面向潜山储层中运移。这类油气藏在我国渤海湾盆地有大量发现,在南苏门答腊盆地也有很多发现,例如中石油集团公司在 SJ 区块发现的多个气田均为基底潜山油气藏。该区这类潜山型油气藏有两个特点:①基底岩性一般为火成岩、变质岩等致密岩性,只有通过风化淋滤、应力机械破坏等作用,才具有很好的储集性能,因此储层物性是成藏的关键;②烃源岩虽然油气兼生,但是以生气为主,因而对盖层条件具有更高要求。

4) 含油气系统

南苏门答腊盆地发育一个含油气系统,主要以上渐新统—下中新统三角洲煤系泥岩为主力烃源岩,上渐新统砂岩和下中新统灰岩为主要储层,下中新统—中中新统Gumai 组页岩和泥岩为盖层(图 2.22)。

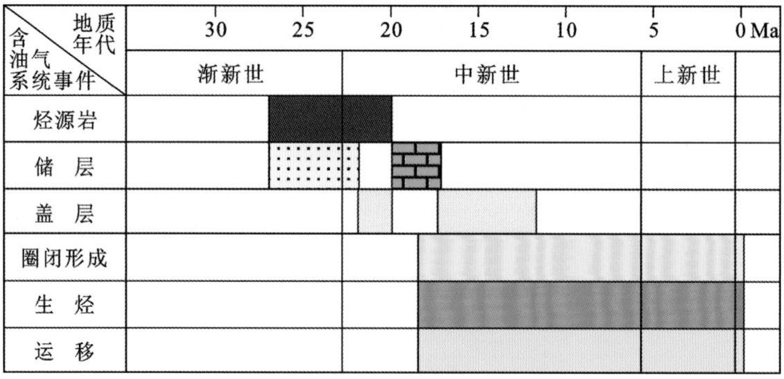

含油气 系统事件	地质 年代	30	25	20	15	10	5	0 Ma
		渐新世		中新世			上新世	
烃源岩								
储　层								
盖　层								
圈闭形成								
生　烃								
运　移								

图 2.22　南苏门答腊盆地含油气系统图

　　上渐新统烃源岩为断陷晚期大规模海侵背景下形成的三角洲相煤系烃源岩,受断陷期分割性较强的地堑和半地堑古地貌控制,主要分布在南苏门答腊盆地几个凹陷中,从中新世开始生排烃,在晚中新世逐步达到生烃高峰。储层主要为上渐新统的三角洲相砂岩和下-中中新统碳酸盐岩,上渐新统砂岩储层主要为分流河道、点砂坝和滨岸砂体,这些砂岩储层以上覆河漫滩、分流间湾以及浅海相泥岩为盖层,形成烃源岩内部的自储自盖组合。由于早中新世发生广泛海侵,在古构造高背景上,常发育碳酸盐岩储层,这套储层被晚期海相泥岩覆盖,在烃源岩上部层系形成一套优质储盖组合。圈闭类型主要是受中中新世以后的强烈挤压反转,形成的一系列背斜、断背斜构造。烃源岩生成的油气,主要沿着后期反向活化的逆断层垂向运移,局部可与砂体及不整合面配置。总体上,圈闭的形成和油气生排烃时间具有较好的匹配关系。

2.1.3　盆地勘探潜力及方向

　　苏门答腊盆地经历了百余年的勘探,已经进入勘探开发的高成熟阶段,在传统构造圈闭和浅层找油的理论指导下很难找到新的有利勘探区带。但据 2010 年 USGS 统计,该盆地剩余待发现资源量为 0.63×10^8 t 油当量,说明整个盆地还有较大的勘探潜力,因此需要突破勘探瓶颈,寻找新的勘探层系和成藏类型。从已发现油气藏分布规律及主控因素来看,烃源岩平面差异性分布特征控制了油气藏平面分布规律,油气运移模式控制了油气藏纵向差异性富集。

1. 油气平面分布差异性及主控因素

　　从目前油气发现情况来看,苏门答腊盆地油气呈现出"油气相间"分布格局。北苏门答腊盆地可采储量油气比为 3∶7,呈现气为主、油为辅的特征;中苏门答腊盆地可采储量油气比为 21∶1,呈现油为主、气为辅的特征;南苏门答腊盆地可采储量油气比为 4∶5,呈现气为主、油为辅的特征。苏门答腊盆地油气呈现相间分布格局,主要受控于烃源岩差异性分布的控制。断陷期是苏门答腊盆地主力烃源岩发育时期,该时期可进一步划分为断陷期早期、中期、晚期等三期构造演化阶段,而各盆地在不同构造演化阶段经历了不尽相同的沉积演化,导致沉积相类型在平面上的差异性特征,并最终控制了盆地烃源岩的性质及油气分布。

1) 断陷期早期

苏门答腊盆地早期断陷发生在始新世。该时期由于印度-澳大利亚板块向欧亚板块南部边缘俯冲发生碰撞,巽他陆架内产生剪切作用,导致弧后和弧前地区发生明显扩张,在强烈断陷作用下,形成了一系列地堑、半地堑。

由于盆地处于断陷初始阶段,形成的湖盆规模较小,沉积范围局限。由于水体较浅以及周缘充沛的物源供给,形成了以河流相、三角洲相等粗碎屑为主的沉积。因此,断陷早期,盆地内烃源岩分布相对局限,品质相对较差,对油气成藏贡献有限。

2) 断陷期中期

苏门答腊盆地断陷期中期始于早渐新世。该时期印度-澳大利亚板块进一步俯冲于欧亚板块之下,沿着巽他岛弧拉张作用最为强烈。由于俯冲应力不均衡性,导致除北苏门答腊盆地遭受抬升缺失沉积外,其他两个盆地均沉积了下渐新统。该阶段是断陷早期的进一步发展,盆地沉降量大,在半地堑、地堑中沉积了较厚的地层。

中苏门答腊盆地以湖相沉积为主,半深湖相发育,局部物源充沛地区形成三角洲相沉积;从烃源岩热演化程度上来看,半深湖相大部分处于生油窗范围内,局部洼陷深部处于高成熟演化阶段,干酪根为 I～II 型,有机质丰度高、类型好,以生油为主。南苏门答腊盆地水体相对较浅,但范围很大,周边物源供给充沛,以三角洲-滨浅湖相沉积为主,局部发育一定规模半深湖相;烃源岩以三角洲相煤系为主,干酪根为 II$_2$～III 型,大部分处于高成熟演化阶段,小部分处于成熟演化阶段,总体上以生气为主。

总之,在断陷期中期,盆地进一步扩张,苏门答腊盆地发育大规模湖相沉积,半深湖相烃源岩以生油为主,三角洲相烃源岩以生气为主。

3) 断陷期晚期

苏门答腊盆地断陷期晚期主要从晚渐新世开始,印度-澳大利亚板块俯冲作用阶段性减弱,断陷作用也相应减弱,盆地内凹陷之间分割性不强。盆地整体处于断拗转换期,从早期强烈断陷作用逐渐转变为拗陷作用,上渐新统分布广泛。

在断陷期晚期,苏门答腊盆地以三角洲-海相沉积环境为主。由于主断陷期结束,盆地在断拗转换阶段发生整体沉降,相对海平面上升,发生广泛海侵作用,海水从盆地北侧和东侧持续侵入,形成大范围海相沉积环境。北部巽他古陆提供了稳定而充沛的物源,在盆地内形成了大规模的三角洲相沉积。北苏门答腊盆地沿盆地长轴方向发育大型沉积物源,在该盆地北侧形成大规模三角洲相体系,而盆地中部(印度尼西亚境内部分)由于远离主物源,以海相细粒沉积为主。中苏门答腊盆地没有遭受海侵影响,该时期凹陷之间的分割性仍然较强,整体以三角洲-滨浅湖相沉积为主。南苏门答腊盆地受北部物源体系影响,发育了大规模的河流-三角洲-滨浅海相沉积。

在断陷期晚期,三角洲-海相沉积环境控制了三角洲相煤系和陆源海相烃源岩的发育。北苏门答腊盆地上渐新统 Bampo 组在印度尼西亚境内主要为海相沉积,海相页岩 TOC 为 0.5%～1.2%,HI 平均为 230 mg HC/g TOC,干酪根类型为 II～III 型,形成分布广泛的陆源海相烃源岩;虽然该盆地在拗陷阶段还发育另一套 HI 高的陆源海相烃源岩,局部生油,但从整体来看,盆地仍然以生气为主。南苏门答腊盆地大规模发育的海陆过渡相三角洲体系形成了上渐新统 Talang Akar 组煤系烃源岩,碳质泥岩的 TOC 高达 36%,HI 为 255～350 mg HC/g TOC,页岩 TOC 可达 5%,HI 为 400～470 mg HC/g TOC,干酪根类型为 II_1～II_2 型。中苏门答腊盆地上渐新统为湖泊-三角洲相沉积体系,三角洲相沉积分布范围有限,沉积物粒度较粗,烃源岩品质不好。从断陷期晚期烃源岩热演化程度上来看,北苏门答腊盆地和南苏门答腊盆地陆源海相烃源岩和煤系烃源岩大部分处于高成熟阶段,控制盆地以生气为主。

晚渐新世开始,苏门答腊盆地的断陷作用减弱、拗陷作用增强,以三角洲-海相沉积为主,主要发育三角洲相煤系和陆源海相烃源岩,整体上以生气为主、生油为辅。

总之,这三期构造演化阶段控制了不同盆地在断陷期的差异性沉积相特征,进而控制了烃源岩和油气的差异性分布。北苏门答腊盆地发育断陷期晚期上渐新统陆源海相烃源岩,以生气为主;中苏门答腊盆地发育断陷期中期始新统半深湖相烃源岩,以生油为主;南苏门答腊盆地发育断陷期中期下渐新统滨浅湖相烃源岩和断陷期晚期上渐新统三角洲相煤系烃源岩,以生气为主。

2. 油气纵向分布差异性及潜在勘探层系

苏门答腊盆地纵向上可以划分为三个成藏组合,包括源上、源内和源下成藏组合。从目前油气发现来看,纵向上油气分布非常广泛,三个主要成藏组合中均有油气发现,但是从油气发现的规模及储量看,具有明显差异性,源上成藏组合油气发现最多。盆地源上成藏组合(中新统—上新统)累计发现油气 $39.2×10^8$ t 油当量,占总油气发现的 94.2%,其中油气发现量最大的是下中新统,累计发现油气 $2.52×10^8$ t 油当量;源内成藏组合(渐新统)累计发现 0.80×10^8 t 油当量,占总油气发现 1.9%;源下成藏组合(基底)累计发现油气 1.68×10^8 t 油当量,占总油气发现的 3.9%。

从苏门答腊盆地油气成藏模式看(图 2.23),油气从断陷期烃源岩(包括湖相、海陆过渡相和海相)中排出以后,沿着不整合面、砂体侧向运移,在近源凸起带以源内及源下为成藏组合的有利圈闭中聚集成藏;沿着断层向源上成藏组合中垂向运移,在晚期挤压背斜带有利圈闭中聚集成藏。从整个油气勘探历程及储量发现看,源上成藏组合早在 19 世纪就见到油气,20 世纪中期达到发现高峰期。近年来,油气发现量越来越少,油气发现难度很大。源内成藏组合在 19 世纪末期也有少量发现,但主要油气均是 20 世纪早期至中期发现的,从近 20 年的油气勘探实践来看,该组合仍处于勘探初期,勘探程度很低。源下成藏组合油气勘探起步较晚,主要油气发现为 20 世纪,储量很少,油气勘探程度非常低。总体上,盆地源内和源下成藏组合勘探程度低,是未来勘探的重点层系。

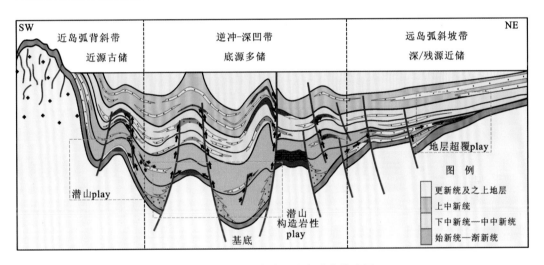

图 2.23　苏门答腊盆地油气成藏模式图

3. 源内油气藏勘探潜力及勘探方向

源内成藏组合主要包括地层超覆和构造-岩性两类油气藏。地层超覆圈闭主要是指渐新统超覆在构造高部位,由地层尖灭及古构造高共同控制的圈闭类型;构造-岩性圈闭主要是指烃源层内岩性变化形成的侧向封挡与构造相互配置而形成的圈闭类型。这两种油气藏在南苏门答腊盆地中已有油气发现。

南苏门答腊盆地上渐新统—下中新统 Talang Akar 组,是主要烃源岩和储层所在的重要层系。晚渐新世盆地构造活动大幅减弱,地壳伸展,盆地逐渐进入拗陷阶段,同时海平面逐渐上升,海侵开始,Talang Akar 组沉积范围逐渐扩大,早期充填在半地堑中,后期开始向大多数基岩隆起超覆。Talang Akar 组以河流相、三角洲相及滨浅海相沉积为主,其内部既包括煤系烃源岩,也包括砂岩储层,地层向基岩隆起斜坡的超覆导致砂岩尖灭。下渐新统 Lahat 组与上渐新统—下中新统 Talang Akar 组烃源岩生成的油气可沿不整合面或直接进入超覆的砂岩储层中,形成油气藏。

地层超覆油气藏隐蔽性强,长期以来被人们忽视,但在南苏门答腊盆地已有该类型油气藏发现。例如发现于 1951 年的 ABAB 油田,位于盆地中部古基底高的斜坡位置,圈闭类型为低幅地层超覆,储层为上渐新统 Talang Akar 组,孔隙度平均 25%,可采储量为 $0.11×10^8$ t 油当量。由过该油田的地震剖面上可以看到,Talang Akar 组沿基底缓坡向北东方向超覆特征明显,且沿斜坡向基底高方向 Talang Akar 组明显减薄。多口钻井在地层尖灭端附近均钻遇 Talang Akar 组储层,获较好油气发现。南苏门答腊盆地上渐新统—下中新统 Talang Akar 组以河流相、三角洲相及滨浅海相沉积为主,其内部既包括煤系烃源岩也包括砂岩储层,是典型的自生自储型成藏组合,煤系地层生成的油气可直接进入砂岩储层,而同时煤系烃源岩中的碳质泥岩、页岩又是非常有效的盖层。当后期构造作用使地层发生上翘、褶皱或被断层侧向封堵时就会形成以 Talang Akar 组砂岩为储层的构造-岩性圈闭,该类油气藏在南苏门答腊盆地也有发现。例如发现于 1931 年的 Limau Niru 油田,该油田位于盆地中南部古基底高的位置,为典型的构造-岩性油气藏,储层为上渐新统 Talang Akar 组,孔隙度平均为 19%,可采储量为 $0.10×10^8$ t 油当量。南苏门答腊盆地中北部地区,邻近上渐新统煤系烃源岩,发育上渐新统储盖组合,区带内钻井较少,勘探程度较低,是寻找地层超覆油气藏和构造-岩性油气藏的重要区域。

4. 源下油气藏勘探潜力及勘探方向

苏门答腊盆地源下基底潜山油气藏勘探还处于初始阶段,但已获得重要突破,苏班气田就是该盆地最典型的基底潜山油气藏。苏班气田发现于 1972 年,但直到 1999年才在源下基底潜山中获得油气发现,该气田位于盆地北部次盆东侧的古基底高上,邻近主力烃源岩,储层为中-古生代花岗岩和少量安山岩及变质岩,以裂缝型孔隙为主,最大孔隙度为 20%,最大渗透率为 5 000 mD。苏班气田所处构造位置断裂非常发育,基底破碎,裂缝发育,油气沿不整合面或断层向上运移,进入高部位花岗岩基底裂缝储集空间,最终形成气藏。总之,苏门答腊盆地基底潜山油气藏勘探程度还比较低,要重点关注邻近烃源岩发育区的古构造高,以及剪切应力叠加和断层密集发育的基底潜山的勘探潜力。

2.2　睡宝盆地

　　睡宝盆地属于缅甸主动大陆边缘沟-弧-盆体系的弧后部分。主体范围东经95°12′~96°19′,北纬22°~23°53′。盆地紧邻中缅马地块,南北向带状展布。西部以火山岛弧带为界与弧前钦敦盆地相隔,东侧以实皆断层为界,北部以出露地表的结晶岩及浅变质岩区为界,南部以低凸起与勃固锡当盆地相隔,面积约26 500 km²(图2.24)。

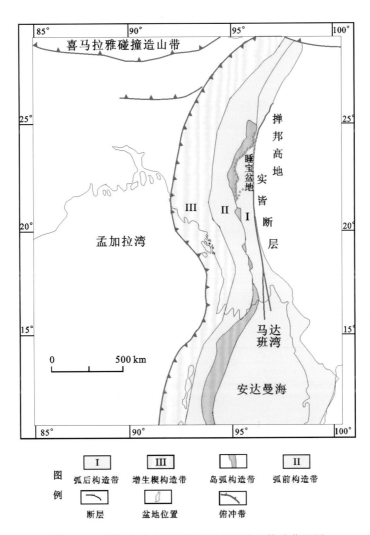

图 2.24　缅甸主动大陆边缘弧后睡宝盆地构造位置图

2.2.1　盆地构造及沉积演化

1. 区域构造背景

睡宝盆地是在西缅地块上发育的一个典型弧后裂谷盆地,其形成演化与印度板块向欧亚板块俯冲碰撞密切相关(Acharyya,2000;Metcalfe,2006,1990,1984)。印度板块与欧亚板块存在"软"碰撞和"硬"碰撞两个阶段(Li et al.,2013),在不同碰撞阶段由于板块作用方向的变化,造成区域应力场发生相应的改变,进而控制了整个盆地的形成演化(Metcalfe,2006;Hall,2002,1997;Lee,1995)。盆地构造演化划分为三个阶段:①晚白垩世—渐新世,伸展断陷期;②中新世,热沉降拗陷期;③上新世至今,挤压拗陷期。

古新世(65～55 Ma),印度板块与欧亚板块初始"软"碰撞接触,整个东南亚地块开始右旋逃逸,西缅地块逐渐向北移动(Wandrey,2006)。同时,板块碰撞所形成的近南北向构造挤压应力,导致西缅地块近东西向伸展,并发育一系列伸展断陷盆地,睡宝盆地为其中之一[图 2.25(a)]。始新世(37 Ma),印度板块的持续俯冲作用导致西缅地块顺时针旋转(Mitchell,1989;Tapponnier et al.,1982;Ninkovich,1976;Varga,1974;Curray and moore,1974),由原来近东西向转变为南北向展布。

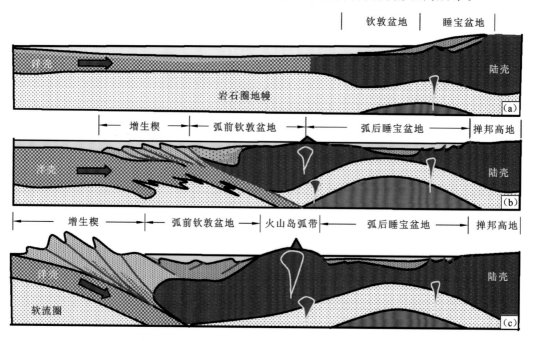

图 2.25　西缅地块弧后睡宝盆地构造演化图

渐新世(32~23 Ma),印度板块与欧亚板块陆陆"硬"碰撞(Lee,1995),导致西缅地块西缘的明显增生作用,同时陆上发育的火山岛弧带逐渐隆起,将大陆边缘沉积盆地分隔为弧前钦敦盆地与弧后睡宝盆地,至此,睡宝盆地开始进入弧后沉积演化阶段[图 2.25(b)]。渐新世末,睡宝盆地北部在东西向挤压应力作用下快速隆升,渐新统遭受剥蚀。中新世(23 Ma),由于印度板块向北汇聚速率加大,实皆断层发生强烈右旋走滑,盆地东北斜坡构造带隆升,盆地整体伸展作用减弱,进入热沉降拗陷期。

上新世(5 Ma~至今),印度板块对西缅地块持续强烈俯冲挤压,在缅甸中央沉降带(主体为钦敦盆地与睡宝盆地范围)以西,增生楔规模不断增大,并形成了系列逆冲褶皱构造[图 2.25(c)]。同时,火山岛弧带岩浆侵入作用持续发生,睡宝盆地西缘边界断裂反转,导致盆地西部开始逐渐隆起,从而形成了盆地西南斜坡构造带;东部的实皆断裂该时期继续右行走滑,盆地遭受强烈挤压反转与抬升剥蚀。最终,弧前来自印度板块的挤压碰撞与弧后来自实皆断裂强烈的走滑压扭作用,致使缅甸主动大陆边缘沟-弧-盆体系构造格局在上新世发育定型。

2. 盆地结构单元及特征

依据盆地现今基底形态、结构特征、构造变形、沉积地层及厚度变化等,将睡宝盆地划分为三个二级构造单元,即西南斜坡带、中部深拗带、东北斜坡带(图 2.26)。

1) 西南斜坡带

西南斜坡带位于盆地西南部,基底隆起幅度较高,构造较单一,地层自东向西超覆,由于上新世末期强烈的挤压反转,导致该带形成由两条逆断层背冲夹持的背斜构造。

2) 中部深拗带

中部深拗带为盆地基底埋藏最深,地层发育最厚的构造单元,南北存在一定的差异。北部基底埋藏较浅,地势平坦,沉积地层较薄,由于晚期反转作用,在靠近火山岛弧带一侧的上部地层,形成低幅背斜。南部基底埋藏较深,最深处可达 8 000 m。中部深拗带的地层整体具有由南向北超覆的特征(图 2.27),发育大量张性断层,具有形成时代晚、切穿层位多、断距小等特点。

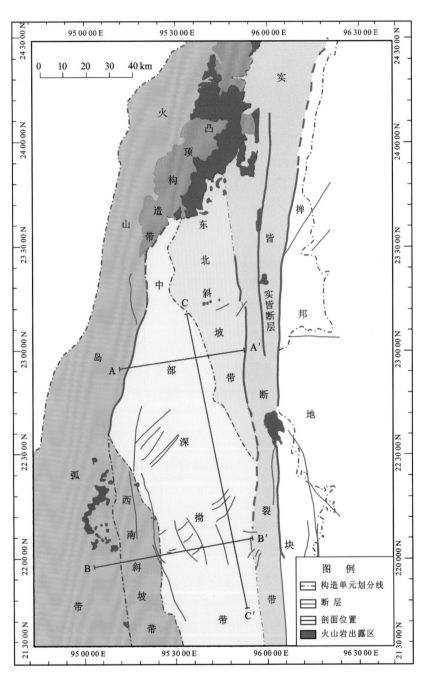

图 2.26　西缅地块弧后睡宝盆地构造单元划分图

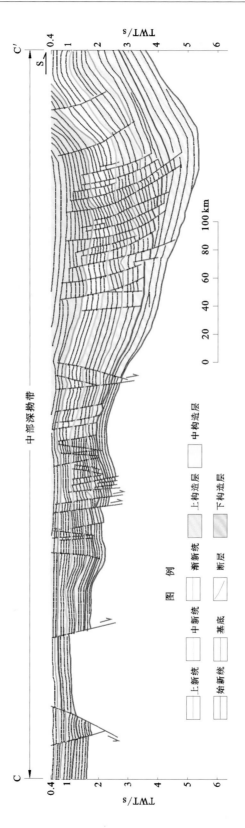

图 2.27　睦宝盆地南北向地质特征图（剖面位置见图2.26）

3）东北斜坡带

该带构造简单,褶皱与断层均不发育。上新世的反转作用使盆地东部基底强烈抬升,地层遭受剥蚀,形成现今西倾的斜坡[图 2.28(a)]。

总之,睡宝盆地为典型的裂谷断陷盆地,发育不同级次与不同类型的断层。盆地的东、西边界为张扭性断裂,走向近南北,断面陡直。西侧主干断裂东倾,呈上陡下缓的铲状,断层可贯穿盆地沉积地层;东侧主干断裂为实皆断层,控制盆地东部的沉积充填;盆地中部发育大量北东向正断裂,主要断至中新统,部分切入基底,可能为基底断层的活化,并形成众多基底垒块。盆地西南部发育挤压构造,形成了一系列北西向逆冲断裂和小型背斜构造[图 2.28(b)]。

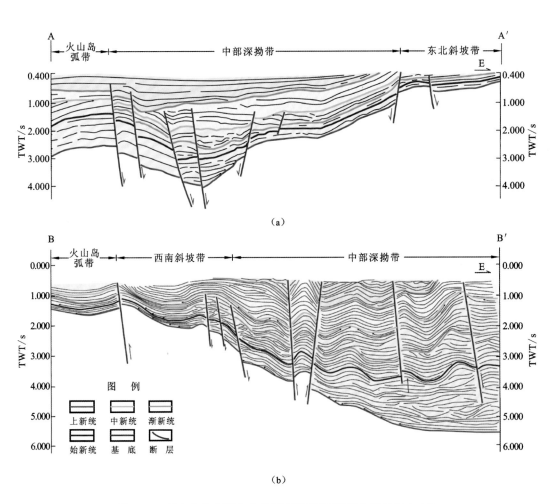

图 2.28　睡宝盆地东西向主干剖面特征图(剖面位置见图 2.26)

3. 地层充填与沉积构造演化特征

睡宝盆地构造演化划分为晚白垩世—渐新世的伸展断陷期、中新世的热沉降拗陷期、上新世至今的挤压拗陷期三个阶段,不同时期地层充填特征及沉积演化具有差异性,但总体呈现为海平面下降的沉积旋回与向上变粗的岩性组合(图 2.29)。沉积地层主要由上白垩统、古近系和新近系组成。区内地层遭受剥蚀严重。南部出露中新统—上新统,北部出露始新统—中新统。

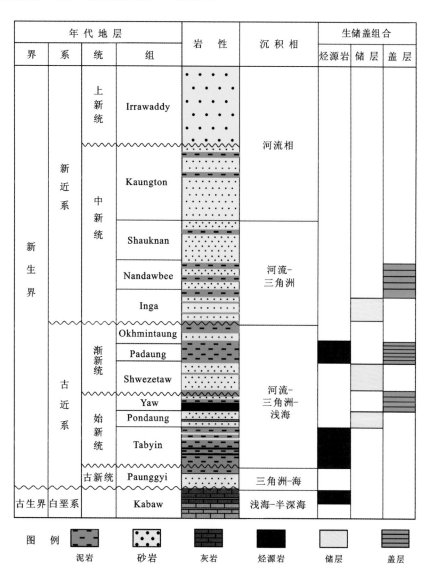

图 2.29　睡宝盆地综合地层柱状图

　　白垩纪前,该地区整体属于大陆边缘断陷,睡宝盆地与钦敦盆地尚未被火山岛弧分割为弧后与弧前,呈现西断东超的箕状断陷结构,主控断裂和沉积中心在弧前钦敦盆地,沉积了一套新特提斯海相页岩[图 2.30(a)]。

　　晚白垩世—古新世,印度板块与欧亚板块之间开始"软"碰撞接触,盆地持续伸展断陷和接受沉积,岩性主要为楔状的海陆交互相砂岩—页岩[图 2.30(b)]。晚白垩世,盆地属于浅海-半深海沉积环境,以灰岩沉积为主,局部有浅海大陆架海相泥岩沉积。古新世,由于区域隆升剥蚀,沉积地层与上覆始新统呈不整合接触,沉积环境由浅海-半深海相转为三角洲-海相,岩性以砂岩为主,向上泥质含量增加,至上古新统转变为以泥岩为主。

　　始新世,盆地依然为继承性断陷,但由于持续海退作用,开始逐渐转为滨浅海相和海岸平原相沉积,掸邦物源为盆地提供了丰富的沉积物,并发育了一系列规模不等的扇三角洲相沉积[图 2.30(c)]。始新统的下部,岩性由黑灰色泥岩夹薄层灰色砂岩组成,偶见煤线产出;中部岩性为灰绿色砂岩,向上泥质含量增加,至顶部发育一套泥页岩沉积。

　　渐新世,随着海平面持续下降,沉积物向盆地内快速推进,发育三角洲相沉积。特别是该时期火山岛弧带持续大规模隆升,在北部将大陆边缘分割为弧前、弧后盆地,至此,睡宝盆地进入弧后裂谷演化阶段,东部中缅马地块和北部火山岛弧带为主要物源区,实皆断层控制了盆地整体断陷结构与沉积充填[图 2.30(d)],主要沉积了一套河流-三角洲-浅海相地层。渐新统下部岩性为灰色细砂岩夹薄层深灰色泥岩,向上过渡为以厚层深灰色泥岩为主的沉积。以该时期大规模抬升剥蚀所形成的不整合为界,盆地可以划分为白垩系—渐新统、中新统—上新统两个构造层。

　　中新世,构造趋于平静,断层作用与火山岛弧带岩浆活动趋于减弱,盆地转入热沉降拗陷阶段。由于持续的大规模海退,沉积环境由海相向陆相过渡,发育三角洲相沉积,至中新世晚期,盆地过渡为以河流相沉积为主,地层沉积厚度较大,岩性以砂岩夹薄层泥岩为主,物源主要来自北部喜马拉雅碰撞造山带,东部掸邦高地也为盆地提供物源[图 2.30(e)]。

　　上新世,受印度板块向欧亚板块持续挤压碰撞作用的影响,实皆断层右旋走滑,东部地层大幅抬升,盆地表现出挤压挠曲拗陷的特征,并形成了一系列花状构造及断背斜构造。该阶段,盆地已基本结束海相沉积,转为以河流冲积平原相沉积为主,岩性主要为分选较差的砂岩[图 2.30(f)]。

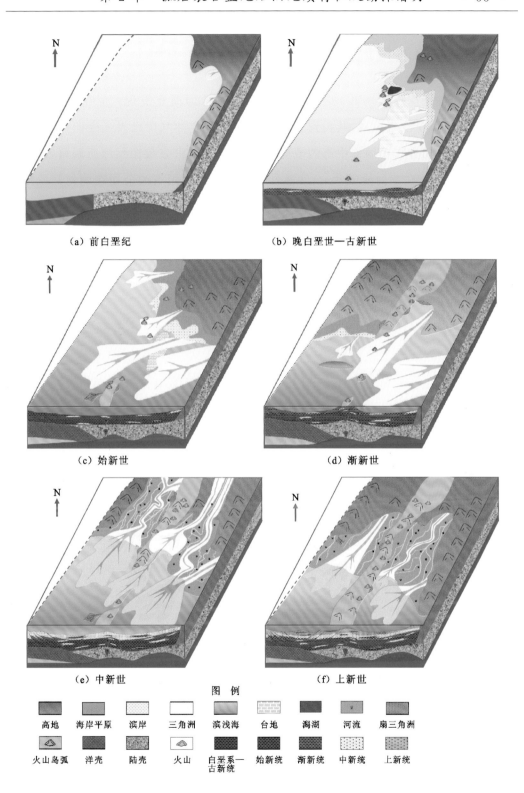

（a）前白垩纪　　　　　　　　（b）晚白垩世—古新世

（c）始新世　　　　　　　　　（d）渐新世

（e）中新世　　　　　　　　　（f）上新世

图 例

| 高地 | 海岸平原 | 滨岸 | 三角洲 | 滨浅海 | 台地 | 潟湖 | 河流 | 扇三角洲 |

| 火山岛弧 | 洋壳 | 陆壳 | 火山 | 白垩系— 古新统 | 始新统 | 渐新统 | 中新统 | 上新统 |

图 2.30　沉积构造演化模式图

2.2.2　盆地油气地质特征

睡宝盆地勘探程度较低,多为油气显示,没有任何商业发现。但在其周缘盆地中,已获得了大量油气发现,共找到24个油气田,18个油气田已投入生产,其中8个油田和2个气田分布于缅甸中部的敏巫盆地,4个大气田分布在缅甸所属海域,另外10个油气田分布在缅甸钦敦盆地、沙林盆地等,近年,韩国石油公司在缅甸又发现了大宇气田(可采储量为 1.36×10^{11} m^3)、耶德那气田(可采储量为 1.84×10^{11} m^3)和耶德贡气田(地质储量天然气为 1.33×10^{11} m^3、凝析油为 1.18×10^7 t)等(Wandrey,2006)。分析认为,睡宝盆地与周缘这些盆地的石油地质条件具有异同点,勘探潜力不容低估。

1. 烃源岩特征

睡宝盆地发育三套烃源岩,分别发育在上白垩统、下始新统和中渐新统。其中已证实的主力烃源岩为始新统黑灰色泥岩。

1) 上白垩统烃源岩

晚白垩世西缅地块弧前与弧后盆地为统一的陆缘海,睡宝盆地沉积了一套黑灰色灰岩,夹少量砂、泥岩。上白垩统烃源岩主要分布在受实皆断层控制的盆地中部和南部地区。由于盆地勘探程度低,现有钻井仅揭示浅层烃源岩层系,也未收集到上白垩统烃源岩露头样品资料,但通过地震多属性 TOC 预测方法初步分析认为,盆地上白垩统烃源岩有机质丰度整体为差-中等,局部层段 TOC 大于 1.0%,属中等烃源岩(图 2.31)。

2) 下始新统烃源岩

下始新统烃源岩有机质类型以 III 型干酪根为主,含少量 II$_2$ 型干酪根(图 2.32),泥岩 TOC 为 0.4%~2.1%(图 2.33),镜质体反射率 R_o 值介于 0.5%~1.2%(图 2.33,表 2.1),始新统烃源岩主要分布于盆地的中部和南部地区。

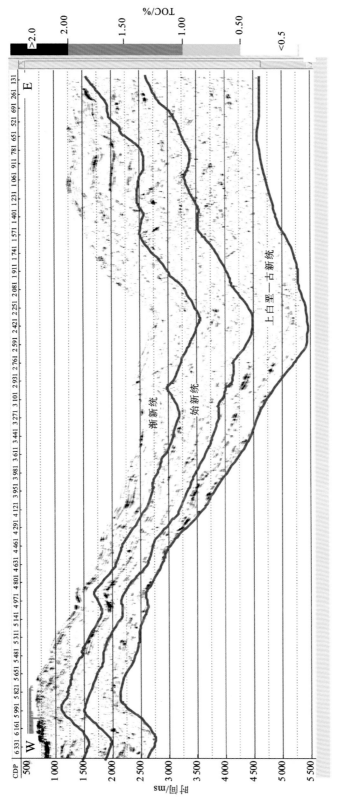

图 2.31　睡宝盆地地震多属性预测TOC剖面

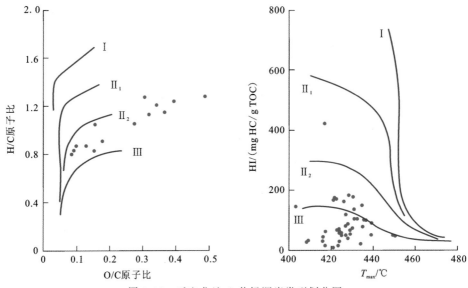

图 2.32　睡宝盆地 A 井烃源岩类型划分图

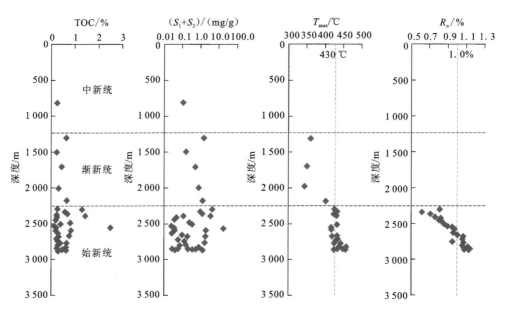

图 2.33　睡宝盆地 A 井烃源岩地化剖面图

表 2.1　睡宝盆地烃源岩有机质丰度评价表

层位	岩性	总碳/%		总有机碳 TOC/%		生烃潜量(S_1+S_2)/(mg/g)	
		范围/个数	平均值	范围/个数	平均值	范围/个数	平均值
渐新统	泥岩	—	—	(0.24~0.64)/3	0.43	(0.17~1.68)/3	0.82
	泥岩	0.86/1	0.86	(0.33~0.64)/2	0.49	(0.89~1.42)/2	1.16
始新统	泥岩	(0.20~3.38)/32	0.73	(0.17~2.49)/35	0.51	(0.03~4.62)/32	0.70

3）中渐新统烃源岩

渐新世以来睡宝盆地主要为河流-三角洲-陆源浅海相沉积环境,沉积了一套灰绿色页岩和深灰色泥岩。有机质以偏腐殖型的 $II_2 \sim III$ 型为主。根据钻井揭示,渐新统泥岩总碳平均为 0.86%,TOC 平均为 0.49%,$S_1 + S_2$ 平均为 1.16 mg/g(表 2.1),成熟度较低,综合分析渐新统泥岩为差烃源岩,推测盆地南部的局部可能存在较好烃源岩。

2. 储盖特征

睡宝盆地共发育始新统、渐新统和下中新统三套储盖组合。

1）始新统储盖组合

始新统为河流-三角洲-浅海相沉积。北部地表露头显示,始新统由块状厚层砂岩、页岩和砂质泥岩组成,偶见煤线和钙质砂岩。其中始新统 Pondaung 组浅灰绿色厚层中-粗石英砂岩,孔隙度为 $8\% \sim 15\%$,渗透率为 $10 \sim 50$ mD,储集物性中等。顶部 Yaw 组泥页岩作为封盖层,属自生自储型。

2）渐新统储盖组合

渐新统为河流-三角洲-滨浅海相沉积。以下部 Shwezetaws 组长石石英砂岩作为储层,其砂岩总厚度约 278 m,单层厚度为 $2.5 \sim 42$ m,平均单层厚度为 8 m,砂地比为 56%,储集条件较好,孔隙度为 $12\% \sim 25\%$,渗透率为 $40 \sim 100$ mD;以上覆 Padaung 组厚层灰绿色页岩和泥岩作为盖层,其页岩和泥岩总厚度约 201 m,单层厚度为 $2.1 \sim 33.5$ m,平均单层厚度为 7 m,泥地比为 41%,具有较好的封盖条件。

3）下中新统储盖组合

下中新统为河流-三角洲相沉积。该套地层中,砂岩总厚度为 350 m,单层厚度为 $2 \sim 62$ m,平均单层厚度为 11 m,砂地比为 60%。泥岩总厚度为 230 m,单层厚度为 $2 \sim 40$ m,泥地比为 39%。下中新统的 Inga 组和 Nandawbee 组以砂泥岩互层为特征,Inga 组下部为灰色中砂岩夹薄层灰色泥岩和细砂岩,顶部为灰色泥岩,为一套较好的储盖组合;Nandawbee 组储层为灰色中砂岩,互层的灰色泥岩可作为有效局部盖层。

3. 圈闭特征

睡宝盆地的圈闭类型主要包括背斜圈闭、断背斜圈闭、断块圈闭、隐刺穿圈闭等构造圈闭以及始新统生物礁型圈闭等岩性、地层圈闭(表 2.2,图 2.34),以背斜和断背斜圈闭为主。

表 2.2　睡宝盆地圈闭类型、分布与形成改造

构造带	圈闭类型	形成机制	保存条件
西南斜坡带	背斜圈闭、断背斜圈闭	上新世晚期盆地反转	差
	地层圈闭	始新统、渐新统岩性横向尖灭	保存完好
中部深拗带	断块圈闭	上新世张扭作用	较好
	背斜圈闭、断背斜圈闭、断鼻圈闭	实皆断裂带压扭走滑作用或盆地西部边界反转	差
	生物礁型圈闭	晚白垩-始新世碳酸盐岩发育	保存完好
	隐刺穿圈闭	渐新世岩浆底辟作用	较好
东北斜坡带	生物礁型圈闭	始新世中央台地碳酸盐岩发育	保存完好
	断背斜圈闭	上新世实皆断裂压扭作用	差

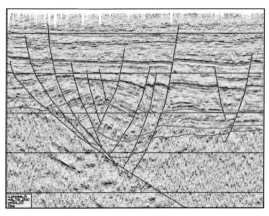

(a) 断背斜圈闭　　　　　　　　　(b) 断块圈闭

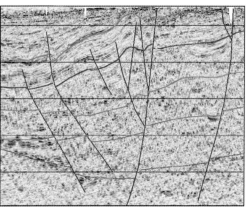

(c) 生物礁型圈闭　　　　　　　(d) 断鼻圈闭、断背斜圈闭

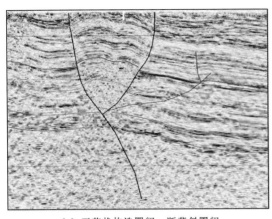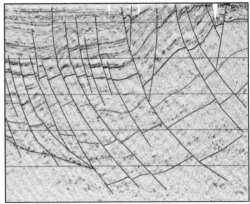

（e）正花状构造圈闭、断背斜圈闭　　　　　　　　（f）断块圈闭

图 2.34　睡宝盆地圈闭类型与特征

在盆地西南斜坡带,由于晚白垩世—渐新世印度板块持续向西缅地块的俯冲碰撞,火山喷发频繁,岛弧逐渐隆起,地块西缘不断增生,盆地整体处于伸展断陷期,该构造带主要在渐新世末期发育与岩浆侵入隆升有关的背斜圈闭,以及与伸展断裂作用相关的断块圈闭、断背斜圈闭等,这些圈闭具有形成时间早、闭合幅度大、保存条件较好的优势。

在盆地东北斜坡构造带,受中新世实皆断层的影响(谢楠 等,2010b),构造带开始大幅抬升,形成一批断鼻、断背斜圈闭,沿实皆断层呈带状分布,但由于上新世末的压扭反转作用,导致盆地东北斜坡带的地层剥蚀严重,圈闭保存条件极差。同样,在盆地北部发育的断块圈闭,由于受晚期边界断层的持续活动,导致圈闭顶部次级断层发育,圈闭破碎,以一系列小型断块圈闭为主。

在中部深拗带南部,受上新世末的压扭作用影响,形成一系列正花状构造圈闭、断背斜圈闭和断块圈闭。特别是在晚白垩世—始新世,睡宝盆地中部主要为碳酸盐岩台地沉积环境,发育始新统礁灰岩,其储层储集物性较好,且在缅甸海域盆地已获得多个油气发现,是重要的圈闭类型。

4. 油气成藏特征

睡宝盆地白垩系烃源岩在中中新世达到生烃高峰,开始大量生成油气;晚上新世至今,始新统烃源岩成熟并达到生烃高峰,而白垩系烃源岩则处于过成熟阶段,以生干气为主(图 2.35)。盆地具有晚期成藏的特征,总体来说,圈闭形成时间普遍晚于始新统与白垩系烃源岩的主要生排烃时间,两者具有良好的匹配关系。

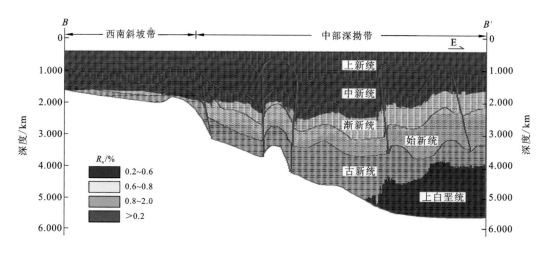

图 2.35　睡宝盆地现今热演化剖面图(剖面位置见图 2.26)

　　睡宝盆地油气运移以垂向运移为主,横向运移为辅。上新世受印度板块持续向西缅地块强烈挤压碰撞作用的影响,实皆断层持续走滑活动,盆地在区域挤压和扭张应力环境下,发育大量断层(图 2.36),这些断层切穿层位多,能够有效沟通下部烃源岩和上部储层,为油气垂向运移提供良好通道。但是在盆地东部靠近实皆断裂带一侧,由于多期持续的走滑断裂活动,形成大量不同级次的断层,使原有圈闭更加破碎,加上地层的抬升剥蚀,油气容易逸散,不利于油气藏形成与保存。

2.2.3　盆地勘探潜力及方向

　　目前在缅甸北部的钦敦盆地,中部的敏巫盆地,都获得了大量油气发现。类比研究认为,睡宝盆地与周缘这些盆地的石油地质条件具有异同点,油气资源量可观,勘探潜力不容低估。

　　睡宝盆地在不同构造带,石油地质条件存在明显差异,其勘探潜力与地质风险也不尽相同。盆地北部由于地层抬升剥蚀,使得主力烃源岩始新统埋藏浅,而未达到成熟,特别是由于晚期接受近源粗碎屑沉积而缺乏盖层,即使油气运移到此,也不能有效聚集成藏。盆地东北斜坡构造带,早期虽然形成一批断鼻圈闭、断背斜圈闭,但由于上新世末实皆断层的压扭反转作用,导致盆地东北斜坡带地层抬升剥蚀严重,圈闭破碎,规模较小。综合分析认为,盆地较为有利的勘探区带主要为西南斜坡带和中部深拗带。

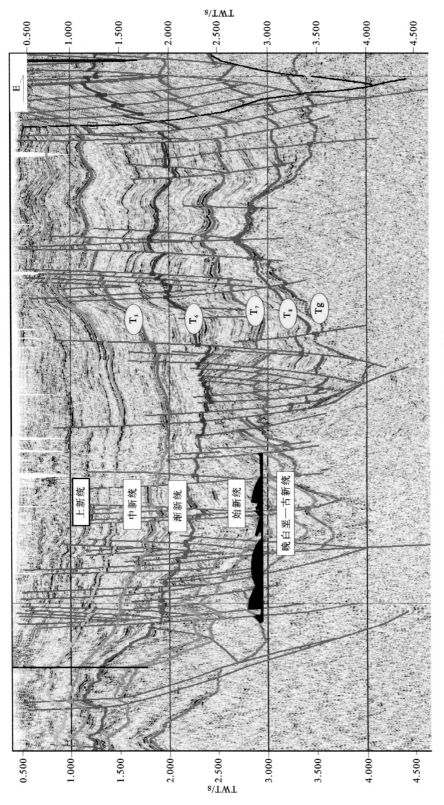

图 2.36　睡宝盆地典型剖面特征图

在盆地西南斜坡带,由于印度板块持续向西缅地块的俯冲碰撞,火山活动频繁,导致在渐新世末发育一系列与岩浆侵入隆升有关的背斜圈闭、断背斜圈闭,这些圈闭具有形成时间早(早于生排烃时间)、面积和闭合幅度大、储盖配置较好等条件,特别是圈闭离生烃中心较近,有断层作为良好运移通道,有上覆中新统作为区域性盖层,油气保存条件较好,该构造带整体呈现出良好的勘探潜力。

在中部拗陷带南部,受上新世末的压扭作用影响,形成一系列的正花状构造圈闭、断背斜圈闭和断块圈闭,这些新近纪圈闭,距离烃源灶较近,具有良好的油气成藏条件,且勘探程度相对较低,是未来油气勘探的重点领域。特别是在晚白垩世—始新世,睡宝盆地中部主要为碳酸盐岩台地沉积环境,推测发育始新统礁灰岩,缅甸海域盆地钻探已获得多个油气发现,其储层储物性好,因此,寻找礁灰岩油气藏也是盆地较为重要的勘探方向。

第 3 章
前陆盆地石油地质特征及勘探潜力

东南亚地区前陆盆地多发育在欧亚板块、澳大利亚板块和太平洋板块之间的碰撞带上,其中巴布亚盆地和宾都尼盆地就是位于该带上的典型弧后前陆盆地,也是该地区重要的富含油气盆地。这两个盆地具有类似的成因和演化,早期均为澳大利亚板块北缘的被动陆缘盆地,随着冈瓦纳大陆解体,向北漂移,晚中新世与太平洋板块北部岛弧带俯冲碰撞,形成现今的前陆盆地。

3.1　巴布亚盆地

巴布亚(Papuan)盆地位于澳大利亚大陆北缘,近北西—南东向展布,盆地主体在巴布亚新几内亚,向西延伸到印度尼西亚境内,向东南延伸到巴布亚湾和托雷斯(Torres)海峡,面积 $84×10^4$ km^2,其中陆上面积 $50×10^4$ km^2,海上面积 $34×10^4$ km^2(图 3.1)。

巴布亚盆地的油气勘探始于 1911 年,但直到 1956 年才发现第一个油气田。由于巴布亚新几内亚山地丛林密布,交通不发达,所以陆地勘探困难,早期以海域勘探为主,后来采用直升机吊运钻机,陆上勘探才取得重大突破。截至 2015 年,共采集二维地震资料 56 000 km,其中陆上 14 000 km,海域 42 000 km,主要集中在巴布亚褶皱带和弗莱(Fly)台地。整个盆地钻探井 183 口,其中陆上 158 口,海域 25 口。共发现 41 个油气田,其中 37 个位于陆地,4 个位于海上,以气田为主。最大的气田是麋鹿-羚羊(Elk-Antelope)气田,天然气储量达 2 316.33$×10^8$ m^3、凝析油 0.22$×10^8$ t。最大的油田是库土布(Kutubu)油田,原油储量 0.49$×10^8$ t、天然气储量达 487.05$×10^8$ m^3。

尽管已经有了大量油气发现,但该盆地目前总体勘探程度仍然不高,尤其在陆上只有稀疏的二维地震测网。根据 USGS(2011a)评价结果,巴布亚盆地原油待发现资源量为 2.94$×10^8$ t,天然气待发现资源量为 10 477.29$×10^8$ m^3,目前探明率仅 30%～40%,仍有很大的勘探潜力。

3.1.1　盆地构造及沉积演化

1. 盆地结构及构造单元

巴布亚盆地处于澳大利亚板块和太平洋板块交汇处,起源于这两大板块内的次级地块分解与拼合。盆地在古生代和中生代早期为冈瓦纳大陆上的一个克拉通拗陷盆地,侏罗纪末期大陆解体后为澳大利亚板块的被动陆缘盆地,随着晚白垩世巴布亚陆块快速向北运动和珊瑚海的扩张,新几内亚岛与澳大利亚古陆发生分离;至新生代受太平洋板块和澳大利亚板块之间相互作用影响演变为弧后裂谷盆地和弧后前陆盆地。现今巴布亚新几内亚地区南部属澳大利亚克拉通,北部为活动大陆边缘及弧陆碰撞的产物,两者之间为强烈褶皱山系。

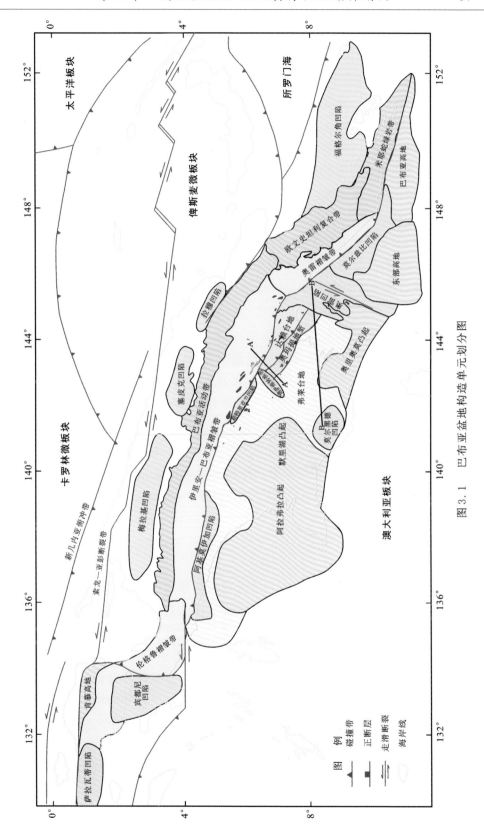

图 3.1　巴布亚盆地构造单元划分图

　　古生代,巴布亚盆地位于澳大利亚古陆边缘,横跨澳大利亚东部塔斯曼(Tasman)造山带和西部稳定克拉通。塔斯曼构造线为元古代陆壳边界,位于巴布亚中部山脉前缘,该构造线走向由近南北向转为北西西向,一直向西横穿鸟头岛。博萨维(Bosavi)北东向转换构造带是一条重要的基底断裂带,它可能是塔斯曼构造线的北延部分,其中发育了火山、岩株和一系列正断层,并将巴布亚盆地分为基底性质不同的东西两部分。

　　基底结构和中生代以来的区域构造运动决定了巴布亚盆地的构造特征。盆地整体表现为近东西走向的长条形,构造上具有"东西分块,南北分带"的特点。盆地西部发育大型薄皮构造,纵向上呈现二元结构,横向则有明显分带性。自北向南,按照构造变形程度和构造组合特征大致可分为冲断带、强烈褶皱带、宽缓褶皱带和稳定台地区(图 3.2),具体而言,盆地北部为与弧陆碰撞相关的造山带;中部为由伊里安—巴布亚(Irian-Papuan)褶皱带和奥雷(Aure)褶皱带组成的冲断—褶皱带;南部构造带则由西部的弗莱(Fly)台地和东部的莫尔兹比(Moresby)凹陷组成,显示出盆地东西部的构造差异。与盆地西部巴布亚褶皱带相比,盆地东部奥雷褶皱带的构造样式有所不同,没有明显的薄皮构造,而是发育前陆构造体系;纵向上的二元结构则主要表现为前陆层序叠加在达赖(Darai)弧后层序及下伏裂谷-裂后层序之上。

　　巴布亚盆地平面上又可进一步细分为弗莱台地、伊里安—巴布亚褶皱带、莫尔兹比凹陷、奥雷褶皱带、巴布亚活动带、巴布亚高地、欧文史坦利(Owen Satanley)复合带、米耶(Milne)蛇绿岩带等多个构造单元(图 3.1)。其中北部的伊里安—巴布亚褶皱带、东部的奥雷褶皱带和南部的弗莱台地构成盆地的主体。盆地构造格局总体呈现出前陆盆地典型的隆凹相间结构,发育前陆褶皱带、前渊凹陷和前渊隆起带。

2. 构造特征及演化

　　巴布亚盆地起源于澳大利亚板块和太平洋板块两大板块间的次级地块裂离与拼合。它在古生代与中生代早期为澳大利亚古陆北缘的克拉通拗陷盆地;侏罗纪时期,冈瓦纳古陆开始裂解,发育一系列裂谷盆地;晚白垩世时期受澳大利亚板块不断向北漂移和珊瑚海扩张的影响,巴布亚岛和澳大利亚板块分离(Ali and Hall,1995;Wensinck et al.,1989);新生代时期随着澳大利亚板块北移以及北部的太平洋板块向南俯冲、碰撞,在澳大利亚西北大陆与古大洋俯冲带之间的碰撞带附近形成前陆盆地(Hill and Hall,2003)。整体而言,该盆地的演化主要受控于四期构造事件,即陆内克拉通断拗、冈瓦纳裂解、塔斯曼-珊瑚海裂开和美拉尼西亚岛弧碰撞(图 3.3,图 3.4),它们共同影响并控制了该盆地的构造沉积演化与油气成藏。

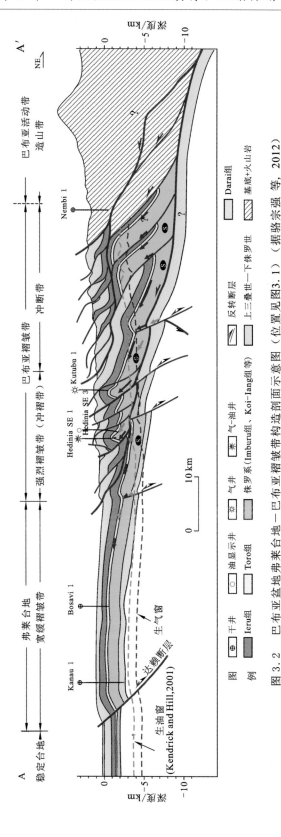

图 3.2　巴布亚盆地弗莱台地—巴布亚褶皱带构造剖面示意图（位置见图3.1）（据骆宗强等，2012）

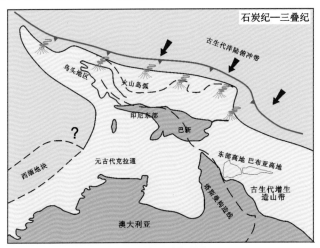

（a）陆内克拉通断拗期

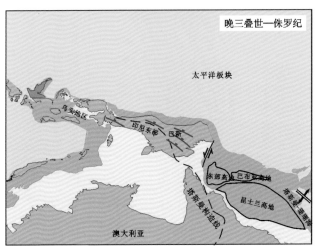

（b）冈瓦纳裂解期

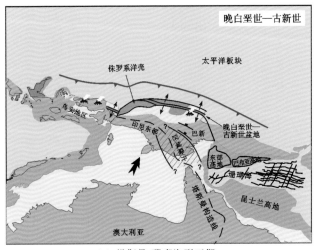

（c）塔斯曼-珊瑚海裂开期

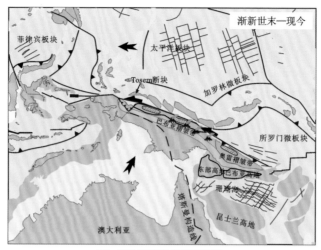

（d）美拉尼西亚岛弧碰撞期

图 3.3 巴布亚盆地构造演化图

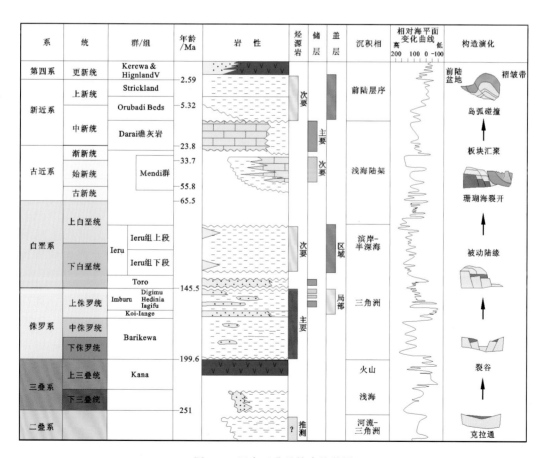

图 3.4 巴布亚盆地综合柱状图

1) 陆内克拉通断拗期(石炭纪—三叠纪)

巴布亚盆地和东澳大利亚陆上盆地一样,是寒武纪在澳大利亚板块东部形成的主动陆缘增生地体基底上发育起来的。这个增生边界就是现今的塔斯曼构造线。以塔斯曼构造线为界,西澳大利亚基底为太古宙和元古宙克拉通地体,而东澳大利亚基底则为古生界增生地体。

晚石炭世—早二叠世,随着伊朗地块、羌塘、中缅马地块等微地块与澳大利亚板块分裂,中特提斯洋逐渐打开,澳大利亚板块进入盆地活跃期,形成陆内裂谷盆地。如在东澳大利亚,形成了鲍恩(Bowen)盆地、悉尼盆地和科珀盆地以及巴布亚盆地等一系列陆内裂谷盆地(Jablonski and Saitta,2004)。

晚二叠世—三叠纪,澳大利亚处于稳定克拉通构造背景,沉积了巨厚且分布广泛的三叠系海相沉积,如在西北陆架的北卡那封盆地。但是,此时期由于受东部亨特-鲍恩运动的影响,东澳大利亚包括巴布亚盆地在内的一系列盆地转变为前陆盆地,沉积了较厚的煤层,并逐渐抬升剥蚀。随着挤压的持续,中三叠世火山岛弧活动,在巴布亚盆地陆上普遍发育三叠系 Kana 组火山岩。

2) 冈瓦纳裂解期(晚三叠世—侏罗纪)

晚三叠世,冈瓦纳大陆开始裂解,西缅地块、锡库勒地块、西苏拉威西地块等微地块与澳大利亚板块逐渐分离,巴布亚盆地发育一系列地堑和半地堑。这些地堑和半地堑主要发育在现今弗莱台地东南部和巴布亚褶皱带区域。在盆地的北部,大多数地堑的边界断层呈北西—南东走向,在巴布亚湾为北东—南西走向。之后在早白垩世时期,盆地随澳大利亚板块整体进入被动大陆边缘阶段。

3) 塔斯曼-珊瑚海裂开期(晚白垩世—古新世)

晚白垩世—古新世,受塔斯曼-珊瑚海裂开的影响,巴布亚盆地东南部发生区域抬升,超过 2 000 m 厚度的地层被剥蚀,形成古近纪区域不整合面。沿北西走向剥蚀量减小,在博萨维转换带西北部几乎没有遭受过剥蚀(Home et al.,1990)。

沿珊瑚海裂开的轴向热膨胀,导致巴布亚盆地抬升和沉积物向北西倾卸。此次抬升致使盆地的南部出露,弗莱台地大部分出露水面,并一直持续到晚渐新世,而此时盆地东北部仍接受少量的海相沉积,主要发育古新统 Mendi 群泥灰岩及 Moogli 组开阔海泥岩。

4) 美拉尼西亚岛弧碰撞期(渐新世末—现今)

随着渐新世澳大利亚板块北部边缘与美拉尼西亚岛弧的碰撞,盆地进入前陆阶段。北部的巴布亚褶皱带和奥雷褶皱带成为前陆褶皱带,受挠曲负载和水平挤压的影响,在前陆褶皱带前缘形成前渊(莫尔兹比凹陷)。早期形成的构造受后期挤压作用影响,发生构造反转,油气重新分配。

受该期构造事件的影响,巴布亚盆地北部抬升,巴布亚湾继续热沉降,在莫尔兹比凹陷沉积了一套厚达近万米的碎屑岩沉积。而在西部陆上褶皱带内,沉积通常限制在挤压背斜中间的向斜区,物源则主要来自周缘隆升剥蚀区。

3. 地层和沉积特征

巴布亚盆地经历了多期构造演化,发育巨厚的沉积层序。盆地在二叠纪陆内克拉通断拗期,主要沉积二叠系的河流-三角洲相碎屑岩,三叠系则以浅海相和火山岩沉积为主。侏罗纪开始冈瓦纳古陆解体,盆地发育裂谷层系,岩性为海相页岩和大陆边缘碎屑岩,下白垩统以海相页岩为主。晚白垩世随着珊瑚海扩张,沉积大套页岩,上白垩统与下白垩统以大的沉积间断为界线。珊瑚海裂后期受构造抬升的影响,在陆架发育浅海相碳酸盐岩沉积。美拉尼西亚岛弧碰撞期则主要为中新统—第四系前陆层序,该层序早期主要为下中新统海相碳酸盐岩和页岩沉积,晚期为陆相和海相环境下的碎屑岩沉积(Hill et al.,2000)(图3.4)。

1) 二叠系

二叠系在巴布亚盆地未被钻井和地表露头揭示,但从区域构造沉积演化来看,巴布亚盆地二叠纪与澳大利亚塔斯曼构造线东部的盆地演化类似,同属于在寒武系—奥陶系基底之上的陆内克拉通裂谷断陷-弧后前陆层序沉积充填。此外依据海域地震剖面特征,推测认为盆地发育有二叠系。另外,东澳大利亚鲍恩盆地和科珀盆地二叠系广泛发育河流-三角洲相沉积,特别是在晚二叠世沉积的一套三角洲平原相煤系沼泽地层,为这两个盆地重要的烃源岩,因此推测巴布亚盆地海域存在的二叠系也应为海陆过渡相的河流-三角洲相沉积。

2) 上三叠统—中下侏罗统

巴布亚盆地晚三叠世主要发育 Kana 组火山岩和 Jimi 组杂砂岩,在巴布亚盆地西部,这套地层被广泛钻遇和揭示。

早-中侏罗世裂解期以海相沉积为主,主要沿盆地北部边缘分布,发育 Magobu 组煤系地层和 Barikewa 组碎屑岩沉积地层。在盆地西部,Magobu 组为细粒到粗粒石英砂岩,局部有砾岩与泥岩互层,在盆地东部主要为煤系碳质泥岩,属于三角洲相到边缘海相沉积,广泛分布于弗莱台地的南部和东部。Barikewa 组(远端与 Maril 组对应)主要由含少量粉砂岩和细砂岩夹层的暗灰色泥岩组成,为外陆架和斜坡相沉积。沉积构造包括交错层理、负荷印模、地层形变等,化石包括孢子、花粉、微浮游生物。在弗莱台地 Mutare-1 井、Adiba-1 井、Kimu-1 井、Kusa-1 井中均有钻遇,厚约 78～200 m。

3）上侏罗统

晚侏罗世时期盆地主要为浅海相到三角洲相的 Koi-Iange 组沉积，以及滨岸相的 Imburu 组沉积。Koi-Iange 组由砂岩、钙质泥岩、页岩和少量煤系地层组成。其中砂岩以中-粗粒为主，分选程度为差-好。常见海绿石和极致密黑色碳质板岩，少见黄铁矿。Imburu 组沉积于河口湾、滨岸到前滨相环境，岩性组合为泥岩和夹有少量砂岩的粉砂岩，地层沉积厚度较大，并具有向北逐渐加厚的趋势。Imburu 组包括 Iagifu 段、Hedinia 段、Emuk 段和 Digimu 段，这些层段的砂岩是巴布亚褶皱带中部最主要的油气储层。

4）白垩系

白垩纪时期盆地主要沉积一套滨岸相-浅海相碎屑岩，包括 Toro 组砂岩和 Ieru 组泥岩。白垩系在弗莱台地和巴布亚褶皱带发育，厚度一般为 500 m，最大厚度超过 2 000 m，向南东方向逐渐尖灭和剥蚀。

Toro 组主要由含少量粉砂岩的石英砂岩组成，是巴布亚褶皱带中央区的主力储层，属于河口-临滨相沉积环境，其中浅海陆架砂岩和障壁坝砂岩储层物性最好，孔隙度在 5.0%～22.0%，平均为 13.8%，渗透率 3～3 000 mD。储层物性主要受埋深和相变的影响，并呈现出由北东向南西逐渐变好的趋势。

Ieru 组为一套浅灰色到浅褐-灰色页岩夹黑灰到褐灰色粉砂岩，浅海相沉积，是白垩系和侏罗系储层的区域性盖层，地层最厚可达 1 900 m，且分布稳定，在巴布亚褶皱带和弗莱台地上均有发育。

5）古近系—新近系

始新世—中新世时期，巴布亚盆地以海相碳酸盐岩台地相沉积为特征，发育多种类型礁体。中新世晚期，由于普拉里（Purari）河和弗莱河流的注入，抑制了碳酸盐岩的生长，在巴布亚湾主要为陆源碎屑岩沉积。

古近系—新近系灰岩沉积主要可以分四期。第一期是古新统和始新统的 Mendi 群灰岩，因为正处在珊瑚海扩张结束和海平面高位时期，所以早期以泥灰岩沉积为主，后期由于盆地大断层的持续活动，碳酸盐岩不发育；第二期是中新世大规模沉积的 Darai 组碳酸盐岩，在之后便进入前陆盆地发育阶段；第三期 Puri 组灰岩和第四期沉积的灰岩，发育规模均较小，分布局限。

其中，在中新世晚期—更新世，盆地东部莫尔兹比凹陷和奥雷凹陷的碳酸盐岩不发育，主要是由于陆源碎屑物的大量注入，并导致该区沉积了一套 Aure 群和 Orubadi 组碎屑岩地层。Aure 群主要由细粒火山碎屑岩组成，偶见砂岩和杂砂岩/浊积岩，深海相沉积环境（Boult and Carman，1993），局部见礁灰岩、砂岩和砾岩等近岸海相或陆相沉积。Orubadi 组岩性主要为页岩，含粉砂岩和少量灰岩的粉砂岩夹层，灰岩含有藻类、海百合、瓣鳃类和有孔虫等化石,属于礁后浅水沉积环境,局部也可能为开阔海环境。

3.1.2　盆地油气地质特征

巴布亚盆地经历了多期构造演化,整体经历了一个完整的海进—海退沉积旋回,发育多套优质烃源岩和储盖组合,油气资源丰富。目前油气发现平面上主要集中于巴布亚褶皱带,垂向上主要分布于上侏罗统—下白垩统碎屑岩和中新统灰岩两套地层层序中(图 3.4)。

1. 烃源岩特征

巴布亚盆地已获得大量油气发现,在陆上地表见大量油气苗,这些均表明该盆地具有良好生烃潜力。盆地主力烃源岩为侏罗系陆源海相泥岩,在晚白垩世(85~65 Ma)逐渐成熟,并在古新世盆地抬升之前生成了大量油气,中新世可能再次进入生油窗。此外,上白垩统、古近系和新近系也是潜在的烃源岩层系。

侏罗系烃源岩主要为海陆过渡相暗色泥岩沉积。盆地西部,侏罗系烃源岩可以分为下侏罗统 Magobu 组、中侏罗统 Barikewa 组和上侏罗统 Koi-Iange 组、Imburu 组四套,岩性主要为含少量砂岩或粉砂岩的灰黑色泥岩。盆地中部,侏罗系烃源岩未进行细分,统称 Maril 组。

侏罗系烃源岩 TOC 为 1%~6.2%,HI 为 100~567 mg HC/g TOC,氧指数(oxygen index, OI)约为 30 mg CO_2/g TOC,S_1+S_2 为 1~6 mg/g,II~III 型干酪根,总体属于中等-好烃源岩(图 3.5,图 3.6)。其中,中下侏罗统烃源岩 TOC 较高,上侏罗统 Imburu 组 TOC 相对较低。

基于巴布亚褶皱带上 Lagifu-7x、Puri-1 等井原油样品,以及侏罗系、白垩系泥岩样品的气相色谱分析,原油样品与侏罗系泥岩的色谱特征具有较好的一致性,两者均不含有奥利烷和伽马蜡烷,Pr/Ph 高,含有丰富的 C_{30} 重排藿烷和 C_{29} Ts,且 Ts 略高于 Tm,但白垩系泥岩样品却表现出伽马蜡烷较高,Ts 明显低于 Tm。因此,可以认为巴布亚褶皱带的油气主要来源于侏罗系烃源岩,白垩系泥岩的贡献很少。

钻井 R_o 资料统计分析表明,盆地生烃门限深度大约在 3 300 m(R_o=0.7%),到 5 000 m 进入高成熟(R_o=1.3%)。侏罗系烃源灶的分布一直存有争议,通过开展已钻井类比分析、层序地层划分与对比、区域地震剖面地质解释,认为侏罗系有效烃源岩主要发育于巴布亚褶皱带北部和弗莱台地东部。

此外,白垩系和古近系海相泥岩也具有一定生烃潜力,尤其是在东部巴布亚湾海域,古近系海相泥岩地化指标较好,说明该区具有较大的油气勘探潜力。

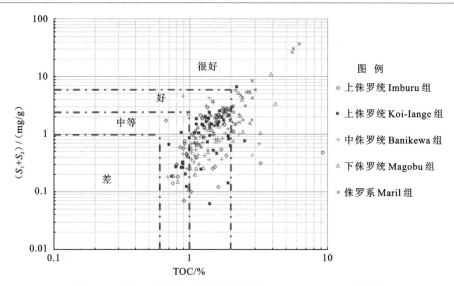

图 3.5 巴布亚盆地侏罗系烃源岩热解(S_1+S_2)-TOC 关系图

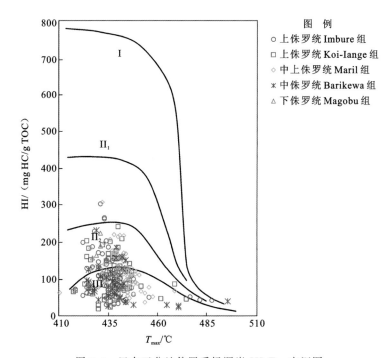

图 3.6 巴布亚盆地侏罗系烃源岩 HI-T_{max} 交汇图

2. 主要储盖组合

巴布亚盆地主要发育新生界、白垩系和侏罗系三套储盖组合。这三套储盖组合平面上具有明显分区性,盆地东部及巴布亚湾地区,主要以新生界储盖组合为主,而弗莱台地和巴布亚褶皱带,则主要为白垩系—侏罗系储盖组合(图 3.7)。

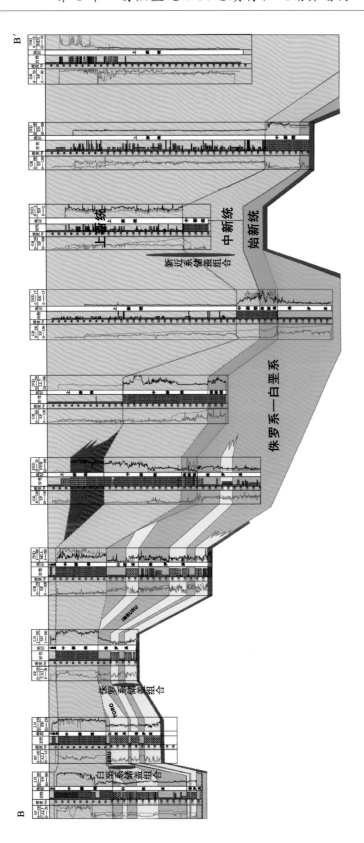

图 3.7 巴布亚盆地储盖组合分布图（W—E方向，位置见图3.1）

巴布亚褶皱带发育上侏罗统—下白垩统两套储层,下白垩统 Toro 组砂岩为主力油气储层,属滨岸障壁砂坝相沉积,上侏罗统储层则为海陆过渡相与三角洲相沉积的 Imburu 组砂岩。白垩系 Ieru 组浅海相厚层泥页岩为区域性盖层,对该区白垩系及侏罗系储层的油气成藏均具有重要作用。新近系中新统生物礁和台地相碳酸盐岩储层,主要分布在弗莱台地和巴布亚湾一带,盖层为上覆新生界前陆层序的厚层泥岩。

1) 侏罗系储盖组合

侏罗系是一套以 Imburu 组砂岩为储层、互层泥岩为局部盖层的自储自盖组合。Imburu 组属于三角洲-浅海相沉积(图 3.8),巴布亚褶皱带中部已钻遇了 Imburu 组砂岩,被证实为盆地的重要油气储层,其已发现储量在盆地内占比较高,原油为36.5%,天然气约 3.1%。

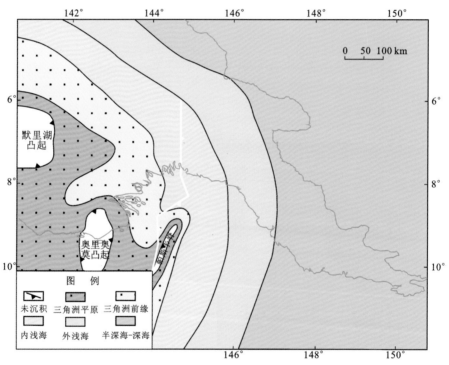

图 3.8　巴布亚盆地上侏罗统沉积相图

Imburu 组具体可划分为 Iagifu、Hedinia、Digimu 和 Emuk 四套砂岩。Iagifu 段砂岩为其中最重要的储层,属滨岸障壁砂坝相沉积,测井曲线上呈漏斗形,整体表现为岩性向上变粗的反韵律旋回叠加样式。该套储层物性好,孔隙度为 10%~23%,平均为 19%,渗透率高达 11 300 mD,平均为 130 mD。Imburu 组内的浅海相层间泥页岩是良好局部盖层,如戈贝/东南戈贝(Gobe/SE Gobe)等油气田均证实了这套盖层的存在。

2) 白垩系储盖组合

白垩系储盖组合由下白垩统 Toro 组砂岩和 Ieru 组厚层泥岩组成,主要存在于巴布亚褶皱带和弗莱台地。

Toro 组砂岩是盆地内最主要的一套储层和产层,已发现的储量在盆地内占比高,原油为 48%,天然气为 54.2%,凝析油为 54.3%,特别是在巴布亚褶皱带中部地区,该套储层产能也是最高的。Toro 组由石英砂岩、粉砂岩和泥岩组成,在库土布地区,Toro 组又可细分为 A、B、C 砂岩段(Vamey and Brayshaw,1993)。区域上 Toro 组主要为河口-临滨相沉积(图 3.9),其中滨浅海滩坝和障壁坝砂岩分选中等-好,次圆状,常见硅质胶结,泥质含量低,总体上储层物性普遍较好,孔隙度平均为 13.8%,渗透率为 50~3 000 mD。

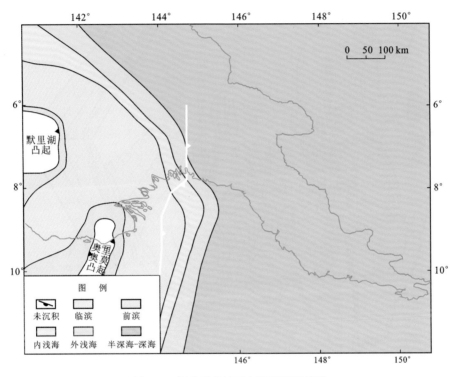

图 3.9　巴布亚盆地下白垩统沉积相图

Ieru 组厚层泥页岩为一套区域性盖层,主要发育于巴布亚褶皱带和弗莱台地,厚度 1 000~2 000 m,分布稳定。白垩系和侏罗系油气成藏均与 Ieru 组泥岩盖层密切相关,如海兹(Hides)气田,气柱高达 1 000 m,充分揭示了其优越的封盖条件。

3) 新生界储盖组合

巴布亚盆地新生代经历了由被动大陆边缘盆地向前陆盆地的转换,沉积储层较为复杂。新生代早期为典型的海相沉积环境,主要以陆架碳酸盐岩台地沉积为特征,发育多种类型的礁体,如在台地边缘生长有台缘礁,远离台地边缘可见点礁、环礁等礁体;晚期,由于普拉里河和弗莱河带来大量陆源沉积物,抑制了盆地内碳酸盐岩的发育,逐渐过渡为碎屑岩沉积(图 3.10)。

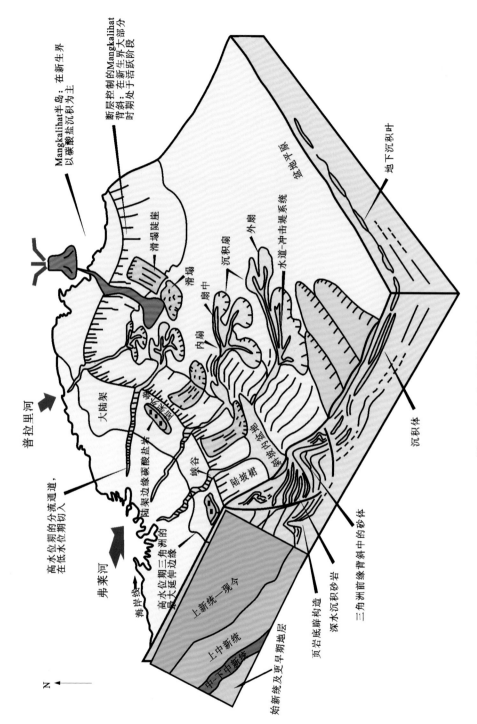

图3.10　巴布亚盆地东部新生界沉积模式图

新生界储层主要为早期海相碳酸盐岩沉积的始新统—中新统礁灰岩,如 Darai 组礁灰岩,次要储层为上渐新统—下中新统裂缝型泥灰岩储层以及上新统浊积砂岩储层。海相沉积的 Orubadi 组和 Era 组厚层泥页岩为盆地区域性盖层,在海域沉积厚度超过 2 000 m,分布较广。

中新统 Darai 组礁灰岩是盆地东部陆上及巴布亚湾地区的最有利储层,具有良好的孔渗条件,如在东部陆上的羚羊(Antelope)礁,以及巴布亚湾的潘多拉(Pandora)礁和帕斯卡(Pasca)礁中,Darai 组礁灰岩储层中裂隙和孔洞较发育,平均孔隙度达20%,盆地东部钻探中已获得大量油气发现(杨磊和康安,2011)。而在盆地西部地区,由于前陆挤压作用,Darai 组礁灰岩大都出露地表。

上渐新统—下中新统 Puri 组主要为浅海相泥灰岩沉积,发育微孔隙和裂缝双重介质,是盆地次要的油气储层,主要分布在巴布亚褶皱带东部和弗莱台地。裂缝发育程度是影响碳酸盐岩储层物性的主要因素,如在 Puri 气田的露头和钻井取心中都可见到大量裂缝,正是由于裂缝对提高渗透率的贡献,在 Puri-1,Bwata-1 和 Kuru-1 等井的低孔碳酸盐岩储层中,依然获得了良好的天然气产能。

3. 圈闭类型及特征

巴布亚盆地经历了多期构造演化,构造十分复杂,圈闭类型多样。主要圈闭类型包括挤压背斜圈闭、披覆反转圈闭、断块圈闭、生物礁圈闭、岩性地层圈闭等,其中油气发现最多的是挤压背斜圈闭,其次是生物礁圈闭,其余圈闭类型发现油气规模和数量较少(图 3.11)。不同类型圈闭发育于不同构造区带上,挤压背斜圈闭主要发育于褶皱带上,披覆背斜和断块圈闭主要分布在前隆斜坡区,而礁灰岩和岩性圈闭则分布在盆地东部陆架边缘。

巴布亚褶皱带和奥雷褶皱带均发育逆冲挤压推覆背斜,但目前油气发现主要集中在巴布亚褶皱带。巴布亚褶皱带的挤压推覆构造特征存在差异,与挤压强度有关(骆宗强 等,2012)。平面上挤压应力具有西强东弱、北强南弱的特点。褶皱带西部挤压强度大,以基底卷入型构造样式为主;中东部挤压强度相对弱,多呈现盖层滑脱构造样式。在库土布地区,挤压褶皱构造带具有南北分排的特征,区域上至少存在三排北西—南东走向的褶皱构造带。从南部的第一排构造带向二、三排构造带,其构造类型逐渐由单层滑脱的宽缓断背斜构造,过渡为双重滑脱的高陡构造。目前褶皱带油气勘探主要集中在第一排和第二排构造,而第三排构造由于地质风险、超压等带来的作业风险以及地表条件因素,勘探相对较少。

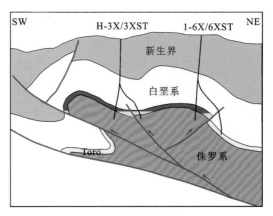

（a）挤压背斜圈闭

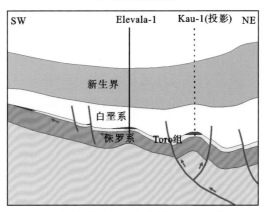

（b）披覆反转圈闭、断块圈闭、地层圈闭

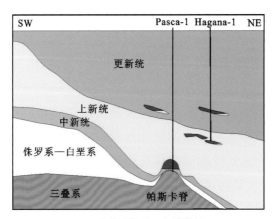

（c）生物礁圈闭、岩性圈闭

图 3.11　巴布亚盆地圈闭类型图

　　弗莱台地处于巴布亚盆地的前渊斜坡和前隆带，挤压应力相对较弱，以基底披覆构造和低幅断块圈闭为主，南部前隆带还可能存在具有一定勘探潜力的地层圈闭。在弗莱台地的默里湖（Lake Murray）隆起和奥里奥莫（Oriomo）隆起之间，发育许多规模不等且未钻探的正向构造,分析认为下白垩统 Toro 组砂岩超覆或披覆在这些正向隆起构造上,具备一定的成藏条件,但这些构造幅度较低,只有几十米,储量规模存在风险。

在盆地中部和东部则主要发育以新生界碳酸盐岩和碎屑岩为储层的圈闭,包括与始新世和中新世生物礁相关的地层岩性圈闭,以及与基底隆起有关的披覆背斜圈闭等。

4. 含油气系统划分及主要特征

1）油气生成及运聚

侏罗系主力烃源岩在晚白垩世进入成熟门限,在古新世珊瑚海打开导致盆地强烈抬升之前,推测其可能已大量生烃。中新世,由于盆地发生新的沉降,该套烃源岩再次进入生油窗。目前在盆地中部,中-上侏罗统 Maril 组页岩已达成熟和高成熟,往东则过成熟,而在弗莱台地中部和西部的大部分地区,中上侏罗统 Barikewa 组和 Koi-Iange 组烃源岩正处于成熟阶段。

盆地各类圈闭的形成及油气运聚,与区域构造演化有着密切关系。主要受两次构造运动的影响,第一次是珊瑚海的打开,导致盆地整体向北和北东倾斜,中生界因此遭受剥蚀,之前所形成的油气藏被破坏;第二次是澳大利亚板块向北的快速移动,导致渐新世时期巴布亚新几内亚半岛与太平洋板块的碰撞,形成许多新的构造圈闭和地层岩性圈闭,但同时也破坏了中生代构造或油气藏,油气发生二次运移。

2）含油气系统划分

巴布亚盆地存在多个含油气系统,目前已证实的含油气系统,主要为中生代含油气系统和新生代含油气系统。

（1）中生代含油气系统

中生代含油气系统是巴布亚褶皱带最重要的含油气系统。中上侏罗统 Barikewa 组泥岩、Imburu 组页岩和 Maril 组泥岩为主力烃源岩,下侏罗统 Magobu 组含煤层系是次要烃源岩(图 3.12)。这些海相沉积的泥页岩中含有丰富的陆源有机质和大量水生生物,被证实为优质烃源岩。主要储层是下白垩统 Toro 组的滨浅海相砂岩,上侏罗统 Imburu 组 Digimu、Emuk、Hedinia、Iagifu 等砂层为次要储层。盆地西北部的大量油气发现,如库土布、戈贝、普巴安（P'Nyang）等油气田都属于该含油气系统。

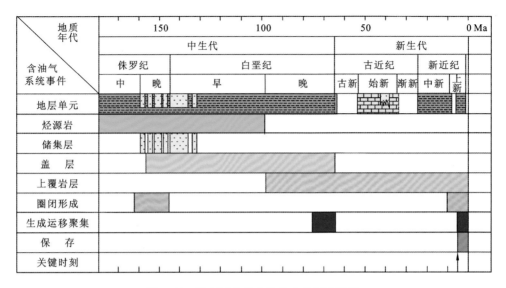

图 3.12　巴布亚盆地中生代含油气系统图

（2）新生代含油气系统

新生代含油气系统是盆地东部最主要的含油气系统，主要分布于弗莱台地东部、奥雷褶皱带。目前盆地东部的发现以天然气为主，推测其烃源岩主要是始新统 Mendi 群底部的 Moogli 组泥岩，同时中新统 Aure 群页岩可能也具有一定生烃潜力。该含油气系统的储层主要为碳酸盐岩台地边缘的生物礁，而深水浊积成因砂岩也是潜在的油气储层（Jablonski et al.，2006）。主要的圈闭类型包括奥雷褶皱带的逆冲挤压背斜圈闭、巴布亚湾的礁灰岩圈闭以及深水浊积体岩性圈闭（图 3.13）。

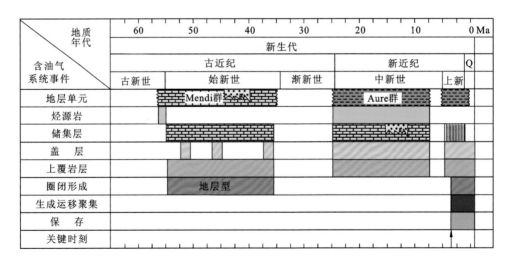

图 3.13　巴布亚盆地新生代含油气系统图

5. 油气成藏主控因素及成藏模式

1）油气成藏控制因素

巴布亚盆地油气成藏控制因素在不同构造带具有差异性。

（1）大中型油气田受控于早期被动陆缘层序展布

良好的烃源岩和储盖组合是大中型油气田形成的关键地质要素，而盆地最重要的烃源岩和储盖组合就来源于中生代沉积的被动陆缘层序。侏罗系属于被动陆缘层序，其陆源海相泥页岩是盆地主力烃源岩，II～III 型干酪根，有机质丰度中等-好，偏生气。盆地的油气具有近源成藏特征，因此侏罗系有效烃源岩的展布范围就直接控制了油气的分布。同时，中生代沉积的被动陆缘层序中的白垩系 Toro 组砂岩和上侏罗统 Imburu 组砂岩，也是本区的主力储层。盖层则为广泛分布的白垩系 Ieru 组厚层海相泥页岩，它对油气的区域性封盖作用十分重要。目前油气发现大都位于 Ieru 组海相泥岩盖层之下，即使晚期经历了强烈的挤压作用，也一定程度上抑制和确保了油气难以向上覆地层发生大规模逸散，有利于大中型油气田的形成与保存。

（2）油气藏规模受构造挤压强度和构造样式影响

巴布亚盆地经历了多期的构造演化，特别是中中新世以来的前陆碰撞作用时期，由于北东向挤压机制下应力场的差异传递，褶皱构造带的挤压强度大，发育一系列大型逆冲挤压背斜，而弗莱台地由于受挤压强度减弱，主要发育小型断块圈闭或基底披覆构造，油气藏规模也相对较小。

对于褶皱构造带，如油气最为富集的巴布亚褶皱带，其挤压应力强度及所形成的构造样式也存在明显差异。以博萨维（Bosavi）转换带为界，巴布亚褶皱带的西部受两期构造挤压叠加效应的影响，构造挤压强度更大，主要呈基底卷入型构造样式，圈闭多为规模较大的逆冲挤压背斜；而巴布亚褶皱带的东部，由于主要只受晚期挤压作用影响，挤压强度相对较弱，主要呈盖层滑脱型构造样式，圈闭数量较多，但单个规模较小。

同样，在盆地中部的库土布地区也具有类似的规律。库土布地区的褶皱构造带成排分布，第一排构造挤压应力最弱，圈闭多以较为宽缓的挤压背斜构造为主，随着挤压强度的增大，第二排、第三排构造逐渐变陡，圈闭也变得更为破碎，并且单个规模都较小。

差异性的构造挤压作用，除了控制构造样式与圈闭类型及规模外，同时对油气藏的充满度也具有重要影响。如巴布亚褶皱带整体呈西高东低，构造产状自西向东逐渐倾没，从而导致东西部油气充满度有明显差别，统计表明，西部油气充满度为 70％～90％，而东部仅为 40％～60％，如戈贝和东南戈贝油田。总之，正是这种自西向东和从南到北挤压强度的不同，导致区域上差异性的构造格局、构造样式及圈闭类型，最终形成巴布亚褶皱带油气藏规模西大东小、南大北小的特点。

（3）油气富集与成藏最终受晚期前陆造山作用控制

中新世以来的前陆造山作用,对圈闭最终定型以及油气再次分配与成藏具有重要影响。一方面,强烈构造挤压作用所产生的逆冲断层,沿中生代或者新生代塑性地层滑脱使上覆地层发生逆冲推覆叠加,其增厚的地层能够加速中生代烃源岩成熟,而在前渊区,巨厚的沉积不仅有利于中生代烃源岩成熟,而且在局部还可以促使新生界烃源岩热成熟。另一方面,强烈的构造挤压所形成的大量断层,可以进一步促使烃类的初次运移和二次运移,并在新形成的挤压褶皱类大中型构造圈闭以及压力过渡带与低势区聚集成藏。总之,晚期的前陆造山作用对盆地油气富集与成藏至关重要。

2）油气成藏模式

巴布亚盆地油气成藏模式共分为三类,即自生自储型、下生上储型和旁生侧储型。

（1）自生自储型成藏模式

自生自储型成藏模式主要包括中生代自生自储型成藏和新生代自生自储型成藏。对于盆地内的这一种成藏模式,烃源岩和储集层发育同一层系,成藏条件优越,油气主要沿断层或渗透性砂体,短距离运移至源内圈闭中成藏,可形成构造油气藏、岩性油气藏等油气藏。

中生代自生自储型成藏模式:巴布亚褶皱带内,中生代侏罗系烃源岩因构造挤压逆冲和地层推覆增厚而进一步热演化成熟,在区域性白垩系海相泥岩盖层之下,油气近距离运移到前陆造山所形成的断层相关褶皱型构造圈闭中成藏,主要储层为侏罗系三角洲前缘亚相砂岩和白垩系滨岸相砂岩(图 3.14)。

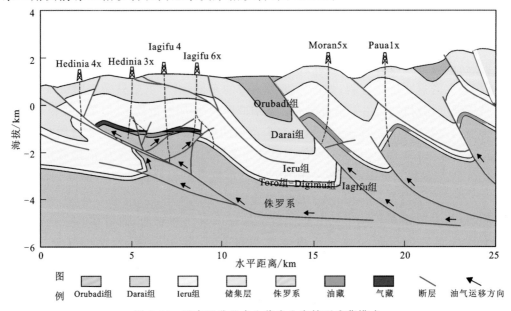

图 3.14　巴布亚盆地中生代自生自储型成藏模式

新生代自生自储型成藏模式：在与奥雷褶皱带相邻的前渊中，沉积有较厚的中新统、上新统等前陆沉积层序，其中发育深水浊积砂体和成熟的新生界烃源岩，具有较好的油气成藏条件，目前在此类前渊带中所发现的上新统气藏就属于该类成藏模式。

（2）下生上储型成藏模式

中生代烃源岩和新生界礁灰岩构成了盆地下生上储型成藏模式：在巴布亚褶皱带东段，受前陆造山作用，一方面，奥雷褶皱带的前渊内沉积了较厚的前陆层序，进一步促进了侏罗系，甚至包括白垩系在内的烃源岩成熟；另一方面，前陆造山所形成的挤压逆冲断裂，能够有效沟通深部中生代烃源岩，使油气运移到中新统礁灰岩中聚集成藏（图 3.15），这类油气藏已经得到了钻探的证实。

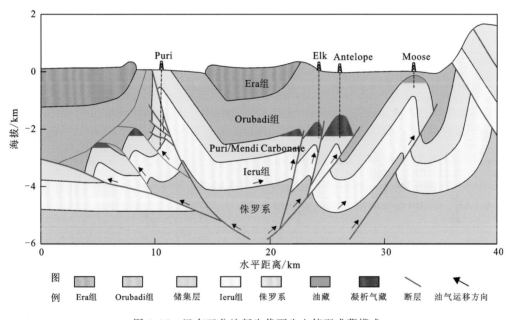

图 3.15　巴布亚盆地新生代下生上储型成藏模式

（3）旁生侧储型成藏模式

旁生侧储型成藏模式主要见于构造斜坡带，如巴布亚斜坡带和弗莱台地东斜坡带等。其主要特征是，来源于前渊内中生界和新生界成熟烃源岩生成的油气，沿断层、不整合面和砂岩输导层侧向运移，到远离生烃中心的斜坡带构造圈闭，地层岩性圈闭中聚集成藏（图 3.16），主要储层通常为中生界碎屑岩和新生界礁灰岩。

具体到巴布亚斜坡带，尽管前渊内前陆层序不太发育，但深部中生代烃源岩已经成熟，生成的油气沿着断层或连通性好的滨岸相砂体侧向运移，最终在斜坡带上的断

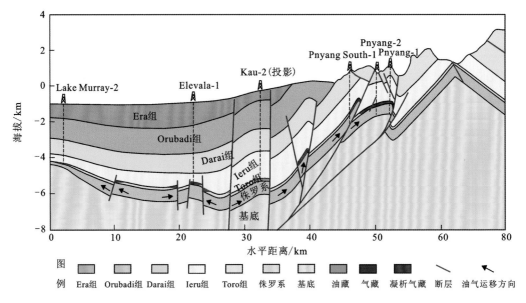

图 3.16　巴布亚盆地中生代旁生侧储型成藏模式

块类圈闭和披覆背斜构造中聚集成藏。对于弗莱台地东斜坡来说,与其相邻的奥雷前渊内新生界成熟烃源岩生成的油气发生侧向运移,并在台地斜坡带上新生界礁灰岩中聚集成藏,如盆地东部的潘多拉(Pandora)礁灰岩气藏、帕斯卡(Pasca)礁灰岩气藏等就属于此类旁生侧储型成藏模式。

3.1.3　盆地勘探潜力及方向

巴布亚盆地油气勘探自 1956 年获得地质成功以来,直到 1983 年才有商业发现。主要发现集中于 20 世纪 80~90 年代,期间有三个年份商业成功率超过 50%,至 1983 年达到顶峰,之后盆地的商业成功率持续下降,直到 2006 年才在东部碳酸盐领域找到了麋鹿-羚羊大气田。尽管如此,盆地地质成功率自 20 世纪 80 年代以来一直维持很高水平,说明该区油气资源丰富,但由于地表条件复杂,油气开发门槛相对较高,特别是随着主力产油区巴布亚褶皱带勘探程度不断提高,勘探难度也越来越大,原油储量替代率持续走低,目前天然气勘探已成为重点。研究认为,奥雷褶皱带、弗莱台地及盆地东部高地,均具有较好的石油地质条件和较大的勘探潜力,应是巴布亚盆地未来的勘探重点和新的储量接替区。

巴布亚盆地剩余油气储量和待发现油气资源量均十分可观。截至 2015 年,巴布亚盆地剩余油气储量达 6.48×10^8 t,其中液态油 0.86×10^8 t,占总油气当量的 13%;天然气 5.62×10^8 t,占总油气当量的 87%。剩余油气储量主要分布在巴布亚褶皱带,以天然气为主。USGS 在 2011 年对巴布亚盆地的待发现油气资源量进行了评价,其总量为 17.88×10^8 t,其中石油 4.21×10^8 t,占总量 24%;凝析油 1.23×10^8 t,占总量 7%;天然气 12.45×10^8 t,占总量 69%,探明率不足 50%,勘探潜力巨大。

巴布亚盆地可划分为巴布亚活动带、巴布亚褶皱带、弗莱台地、欧文史坦利复合带、米耶蛇绿岩带、奥雷褶皱带、莫尔兹比凹陷、巴布亚高地、东部高地等次级构造单元(图 3.1)。同时,盆地区域主生烃中心位于以中上侏罗统为烃源岩的巴布亚皱褶带北部与东部范围内,区域次生烃中心则主要位于以中上侏罗统为烃源岩的弗莱台地东部一带,它们对盆地油气分布与成藏具有重要影响。总体来说,盆地有三个油气勘探区带值得关注,它们分别为巴布亚褶皱带南部—奥雷褶皱带勘探区带、弗莱台地东北部—东部高地—巴布亚高地勘探区带,以及弗莱台地西南部勘探区带。

巴布亚褶皱带南部—奥雷褶皱带勘探区带面积约 $65\,000$ km^2,临近主生烃中心,处于最有利的油气运移指向区;主要储层为下白垩统 Toro 组和侏罗系 Imburu 组砂岩,为三角洲相与浅海陆棚相沉积,砂岩厚度较大。中新统 Darai 组台地边缘生物礁与浅滩灰岩也是重要的储层,在巴布亚褶皱带东部,钻探揭示其具有较好的储层物性。在巴布亚褶皱带南部和奥雷褶皱带,发育逆冲挤压推覆褶皱,圈闭条件优越,分析认为 Darai 组礁灰岩勘探潜力较大。总体而言,目前大的油气发现主要集中在该勘探区带内,如海兹、库土布、麋鹿-羚羊等油气田,其探明储量在盆地内占比高达 72%。该区带下一步的勘探重点主要为勘探程度相对较低的巴布亚褶皱带的二、三排构造、东部灰岩带未钻圈闭以及奥雷褶皱带逆冲挤压背斜。

弗莱台地东北部—东部高地—巴布亚高地勘探区带面积约 $164\,000$ km^2,临近次生烃中心,并且离中、上侏罗统主力烃源岩主生烃中心也相对较近,处于较有利的油气运移指向区;主要储层为 Ieru 组、Toro 组、Imburu 组砂岩,区带内以河流-三角洲相、滨岸相与浅海陆棚相沉积为主,砂岩厚度较大,其中弗莱台地东北部 Toro 组砂岩厚度 $25 \sim 100$ m,储层物性较好,Imburu 组砂岩厚度 $75 \sim 200$ m。同时,中新统 Darai 组生物礁滩灰岩也是重要的储层,该区带内发育宽缓褶皱带,圈闭条件较好,Darai 组礁滩灰岩的勘探潜力不容低估。总之,该区带以寻找商业性的中小油气田为主,断块圈闭和基底披覆构造是未来的勘探重点。

弗莱台地西南部勘探区带面积约 $98\,000$ km^2,离盆地区域次生烃中心相对较近,但离区域主生烃中心相对较远。主要储层为 Toro 组、Imburu 组砂岩,区带内以河流相及浅海陆棚相沉积为主,其次为滨岸相、三角洲相沉积,砂岩厚度大,但由于后期的强烈抬升,东南部地层剥蚀严重,储盖组合存在风险。该区带存在一些低幅断块圈闭,具有一定勘探潜力,但通常规模较小,油气充满度低。

3.2　宾都尼盆地

宾都尼(Bintuni)盆地位于印度尼西亚东端西巴布亚省(原西伊里安查亚省),主体发育在极乐鸟(Vogelkop)与邦巴赖(Bomberai)半岛上,总面积约 $3.71×10^4$ km²,陆上部分面积 $2.77×10^4$ km²;海域部分位于宾都尼海湾内,面积 9 501 km²,平均水深小于 10 m(图 3.17)。盆地北濒太平洋,东临极乐鸟湾,西隔塞兰海与塞兰岛和米苏尔岛相望,南部为阿拉弗拉海和阿鲁群岛(栾天思,2015)。盆地陆上地形变化较大,既有平缓的海岸沼泽,也有茂密的热带雨林,盆地北部与东部山地崎岖不平。该盆地远离印度尼西亚主要工业和人口中心,道路和通信等基础设施较差。

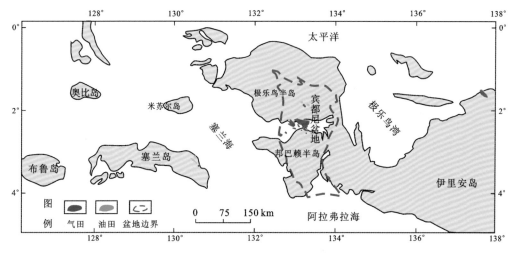

图 3.17　宾都尼盆地地理位置图

目前,盆地共有各类探井 88 口(陆上 61 口,海上 27 口),发现 15 个油气田,其中 4 个油田,11 个气田,石油可采储量 $0.07×10^8$ t,凝析油 $0.04×10^8$ t,气可采储量 $6 937.67×10^8$ m³。

早期勘探主要针对浅层中新统 Kais 组礁灰岩,1935～1960 年在盆地北部陆上背斜带浅层钻探 52 口井,仅发现 Wasian 和 Mogoi 次商业油田;然后将勘探的重点转向海湾南部陆上中新统碳酸盐岩,共钻探 13 口井,但勘探效果不理想。

20 世纪 90 年代初,宾都尼盆地的勘探思路发生重大的转变,开始对深层系碎屑岩进行勘探,1990 年 Roabiba-1 井钻探成功,发现了 Roabiba 气田,侏罗系 Roabiba 砂岩厚达 137m,储层规模大,质量好。至 1997 年,在宾都尼湾内又相继发现 5 个气田,主要含气层为中侏罗统上 Roabiba 组砂体和下 Roabiba 组砂体,次要含气层为古新统 Waripi 组浊积砂体(Robertson,1999;Thomas and Andrew,1993)。此 6 个气田统称为东固气田群,共计地质储量约 $5 946.57×10^8$ m³。

2010 年之后,开始对海湾南部深层进行钻探。在 Kasuri 区块钻探 11 口井,证实了侏罗系优质储层的存在,并发现 4 个气田,储量约 991.10×10⁸ m³。

3.2.1 盆地构造及沉积演化

宾都尼盆地经历了多期构造演化,由克拉通内拗陷、被动陆缘盆地演化为现今的前陆盆地,具有典型叠合盆地的特征,盆地沉积充填具有多旋回性和多样性。

1. 盆地构造演化及特征

宾都尼盆地位于澳大利亚板块与太平洋板块之间的复杂变形区,北部索龙(Sorong)断裂带与开慕(Kemum)高地为盆地北边界;西北部的塞卡克(Sekak)与阿亚玛鲁(Ayamaru)高原将其与 Salawati 盆地相隔;西—西南边界为米苏尔-欧尼(Misool-Onin)隆起,该隆起与塞卡克和阿亚玛鲁高原同为局部隆起,将盆地与塞兰海槽和北塞兰盆地分隔;东部被兰格鲁(Lengguru)逆冲褶皱带限制;南部以近东西向、平行于索龙断裂的塔瑞尔—艾度那(Tarera — Aiduna)走滑断层为界,与阿鲁盆地相望(图 3.18)。

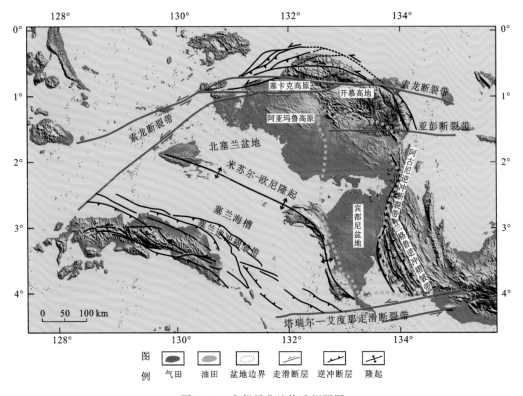

图 3.18 宾都尼盆地构造纲要图

盆地经历了印度-澳大利亚板块、太平洋板块、菲律宾板块等的多期碰撞挤压,最终形成现今多构造与沉积旋回的叠合盆地(Daly et al.,1991)。早期属于冈瓦纳大陆澳大利亚西北缘克拉通拗陷盆地,中生代侏罗纪大陆开始裂解而转化为裂谷盆地,新近纪为南北走向的前陆盆地,共经历了克拉通断拗期、裂谷期、漂移期和构造反转期四期构造阶段。

1）克拉通断拗期

中石炭世—三叠纪,盆地主要为冈瓦纳大陆北缘的克拉通内裂谷沉积,经历了完整的海侵—海退沉积旋回,充填了一套海-陆相冲积平原序列。

2）裂谷期

侏罗纪,冈瓦纳大陆开始裂解,西缅地块、锡库勒地块、西苏拉威西地块等微地块与澳大利亚板块逐渐分离,在离散大陆边缘伸展应力背景下,盆地形成了一系列北西—南东向正断层和地堑、半地堑,充填了一套三角洲-浅海相地层序列(Hall et al.,1995),其中三角洲砂体是该区主要目的层段。晚侏罗世—早白垩世,该区整体向北抬升隆起,北部剥蚀量大,变质岩基底出露,形成了分隔盆地北部边界的开慕高地;盆地中部宾都尼湾以北的陆上侏罗系被剥蚀殆尽,二叠系部分残留。该时期构造抬升所形成的区域性角度不整合,为裂谷期侏罗系和漂移期白垩系间的分界面。

3）漂移期

白垩纪—中新世漂移时期,澳大利亚板块北部为被动大陆边缘沉积环境,主要沉积了 Jass 组海相泥岩和 New Guinea 群灰岩。晚渐新世澳大利亚板块与太平洋板块发生北东—南西向挤压碰撞,形成一系列北西—南东向雁列式高角度断层和褶皱,盆地北部普遍发生抬升剥蚀,大量陆源碎屑开始从北部注入,并在盆地北缘充填了一套砂砾岩沉积,向南西方向,其岩性具有逐渐变细的趋势。

4）构造反转期

上新世—现今为构造反转期,盆地位于挤压前陆汇聚边缘,形成东部边缘逆冲断褶带、前渊拗陷带、斜坡带和北西—南东向褶皱带,以及盆地西部和北部的强烈隆起带,如塞卡克高原和开慕高地。后期(3.4～0.79 Ma),应力状态发生转变,以水平剪切应力为主,形成了盆地南北端近东西向分布的索龙和塔瑞尔—艾度那左旋走滑断层。

受多期构造作用叠加的影响,现今宾都尼盆地所在的极乐鸟地区,构造大致呈北西—南东、北北西—南南东走向,整体表现为"东西高中央低"的前陆盆地不对称特征(图 3.18、图 3.19)。西部为北西—南东走向的米苏尔-欧尼(Misool-Onin)隆起—库纳瓦(Kunawa)隆起,形成了前陆盆地的前隆带,其沉积地层较厚,一般在 2 500 m 左右,古生代二叠纪以来的地层发育较完整;向东为宽缓的斜坡带,其与阿古尼(Arguni)逆冲断裂带之间为前陆盆地斜坡—前渊带,地层向东逐渐增厚,最厚可超过 10 000 m;阿古尼逆冲断裂带至伊里安湾为逆冲推覆带(图 3.20),该逆冲带由西向东构造作用增强,地层出露也由新到老,即由白垩系逐步变为二叠系及更古老地层。

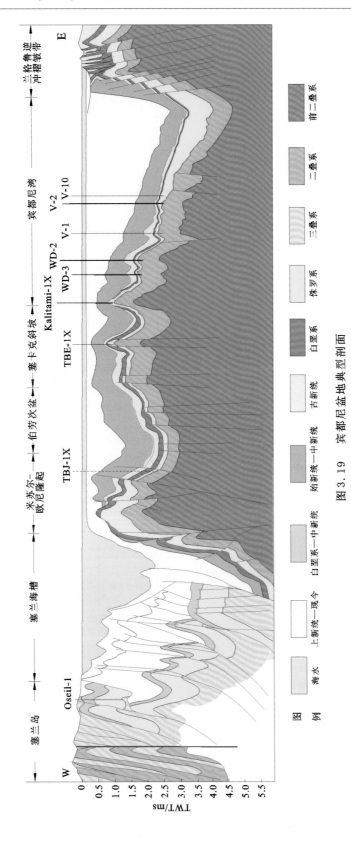

图 3.19　宾都尼盆地典型剖面

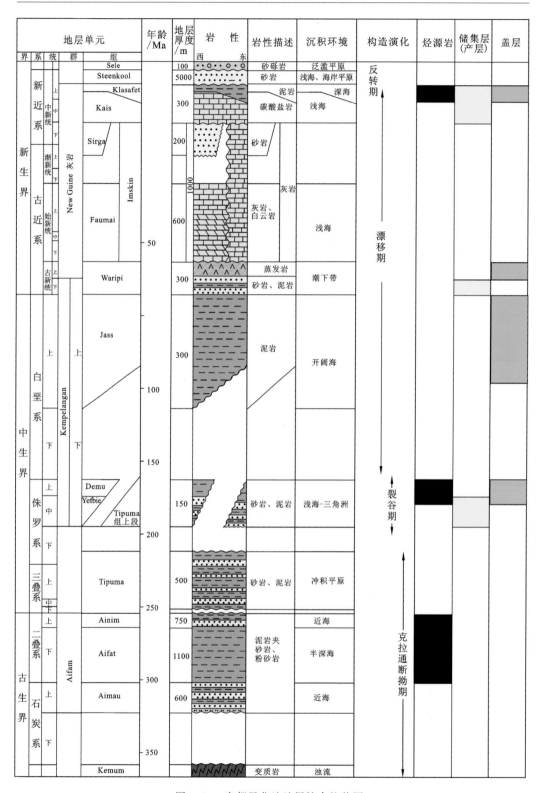

图 3.20　宾都尼盆地地层综合柱状图

2. 盆地沉积演化及其充填特征

宾都尼盆地基底为下古生界志留系—泥盆系变质岩,上古生界发育石炭系—二叠系沉积地层,中生界三叠系在盆内分缺失,侏罗系与白垩系较发育,新生界保留完整(图 3.20)。

1) 基底

古生界志留系—泥盆系的 Kemum 组由板岩、板状页岩、杂砂岩和远端浊积岩残留的石英岩组成,遭受过区域性变形作用和变质作用,向上变质作用逐渐变强。基底与上覆晚古生代、中生代和新生代沉积地层呈明显的角度不整合接触。

2) 克拉通层序

晚石炭世—二叠纪末沉积的 Aifam 群,为一套海进—海退旋回沉积,从下到上分为 Aimau 组、Aifat 组和 Ainim 组三个地层组。Aimau 组的下部岩性组合为陆相和滨浅海相沉积环境的红层、薄层砾岩、砂岩和页岩,上部为厚层砂岩和杂砂岩;Aifat 组岩性为钙质页岩和含有化石的泥灰岩,包含大量的碳酸盐结核,反映海侵作用逐渐增强,水体逐渐加深的过程,顶部有首次海退的标志;Ainim 组岩性为粉砂质泥岩、石英砂岩、杂砂岩和粉砂岩,发育煤层,是快速海退的沉积产物,反映了滨浅海相沉积环境。三叠纪和早侏罗世发生了一次区域性海退事件,沉积了一套Tipuma 组陆相红层。

3) 裂谷层序

侏罗系为一套三角洲和滨浅海相沉积(Tipuma 组上段),沉积物源主要来自澳大利亚古大陆,岩性为砂岩和灰色泥岩互层、少量蒸发岩和海相泥岩,对应于Kembelangan 群的下部(图 3.20),在盆地内的分布较局限,且部分受到强成岩压实。其中,侏罗系 Roabiba 组砂岩在宾都尼湾及南部陆上广泛分布,为海侵背景下潮汐三角洲沉积,分上下两期砂体,为该盆地重要的勘探层系。

4) 漂移期层序

上白垩统为一套滨浅海相沉积(Jass 组),岩性主要为泥岩、粉砂质、砂砾岩、灰岩等,对应于 Kembelangan 群上部,该套地层在盆地东部褶皱带发生了变质作用。

新生代时期沉积了分布广泛的 New Guinea 群,包括 Waripi 组、Faumai 组、Sirga组、Imskin 组和 Kais 组。古新统 Waripi 组为一套温暖气候条件下的浅海相沉积,岩性由砂岩、泥岩、蒸发岩和灰岩组成,在盆地南部厚度较大,尤其是 Besari 河地区厚度达 700 m,向北地层变薄,可见泥质白云岩和瘤状硬石膏。

始新世—渐新世沉积了 Faumai 组,与下伏地层不整合接触。Faumai 组由碳酸盐岩滩坝和浅水相沉积物组成,发育底栖有孔虫,向东西两侧逐渐变为深海相石灰岩沉积。晚渐新世末,海平面快速下降,特别是由于构造挤压抬升作用,形成了 Faumai 组顶部的不整合界面。

Sirga 组物源来自盆地北部,在大陆架上沉积了硅质碎屑沉积物,碳酸盐岩逐渐减少,盆地西部岩性为粉砂岩和泥岩,北部靠近物源区主要为砂岩和砾岩沉积。

Kais 组为厚层的碳酸盐岩地层,主要为浅海大陆架沉积物,局部地区含有藻礁和珊瑚礁,这些礁体是在晚渐新世受挤压作用影响所形成在局部隆起上发育的。相对萨拉瓦提等其他盆地,宾都尼盆地的碳酸盐岩沉积物分布较为广泛,但礁体的厚度和规模都相对较小,古隆起周缘为潟湖相微晶灰岩沉积,局部地区见含树枝状珊瑚,但珊瑚礁并不发育。中中新世末随着海平面持续上升,生物礁停止发育,沉积了 Klasafe 组,为一套广海相碳酸盐岩。

5）反转期层序

中新世末期—早更新世,盆地西北部边缘隆起物源区,为盆地提供了大量碎屑沉积物,沉积了一套厚层磨拉石(Steenkool 组),不整合覆盖在下伏地层上。Steenkool 组磨拉石沉积物厚达 3 500 m,属海岸平原相沉积,在盆地南部,沉积物为泥岩夹少量砂砾岩沉积,靠近物源区的盆地北部,则主要是砂岩、粉砂岩以及互层的砾岩,局部可见植物碎片和褐煤。

晚上新世至早更新世,区域抬升导致 Steenkool 组部分遭受剥蚀,在 Sele 组沉积后,局部地区还沉积了一套复成分砾岩,以及砂岩与薄层泥岩互层。

3.2.2　盆地油气地质特征

宾都尼盆地为富含油气盆地,以天然气为主,主要富集于海湾内侏罗系与古新统成藏组合内,以碎屑岩储层为主,而油主要分布于中新统 Kais 组灰岩成藏组合内。

1. 烃源岩特征

宾都尼盆地发育三套烃源岩,分别为二叠系煤系地层、中下侏罗统煤系地层和上中新统—上新统海相泥灰岩。其中,中下侏罗统与二叠系上部 Ainim 组煤系地层为盆地优质的气源岩(Marita et al.,1997;Thomas and Andrew,1993);上中新统—上新统海相泥灰岩和钙质泥岩是较好的油源岩(Dolan and Hermany,1988)。盆地地温梯度变化较大,南部地区只有 2.2 ℃/100 m,北部地温梯度高,最高超过 5.5 ℃/100 m,

这与盆地北部异常热流有关,盆地东部的平均地温梯度在 2.5~2.8 ℃/100 m。

1) 二叠系烃源岩特征

二叠系 Aifam 群的 Aifat 组和 Ainim 组均具有生烃潜力。Ainim 组主要为海陆交互相沉积,发育厚层泥岩、碳质泥岩和煤层,厚度可达 1000 多米,盆地钻井揭示该套地层中煤层分布稳定,煤层厚度可达 100~250 m。干酪根组分以镜质组为主,为 II_2~III 型,高的姥植比,其中泥岩 TOC 为 0.5%~4%,HI 为 73~249 mg HC/g TOC,S_1S_2 为 0.5~30 mg/g;碳质泥岩 TOC 为 7.3%~38%,HI 为 47~264 mg HC/g TOC;煤层 TOC 为 48%~88%,HI 为 95~294 mg HC/g TOC,S_2 为 6~36 mg/g,总体属中等-好的煤系烃源岩(图 3.21,图 3.22),以生气为主。位于盆地斜坡带的钻井揭示二叠系 T_{max} 为 441~448 ℃,海湾内二叠系 T_{max} 为 445~456 ℃,均进入成熟阶段。热模拟认为盆地 4 000 m 开始进入大量生排烃阶段,而前渊拗陷带二叠系埋深普遍大于 4 400 m,均已达到成熟-过成熟阶段,并且该套烃源岩层系分布面积大,超过 11 000 km² ,为盆地重要的气源灶。

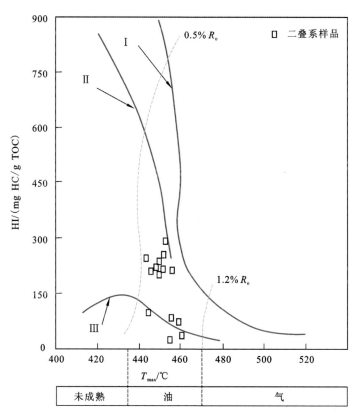

图 3.21　宾都尼盆地二叠系干酪根类型图

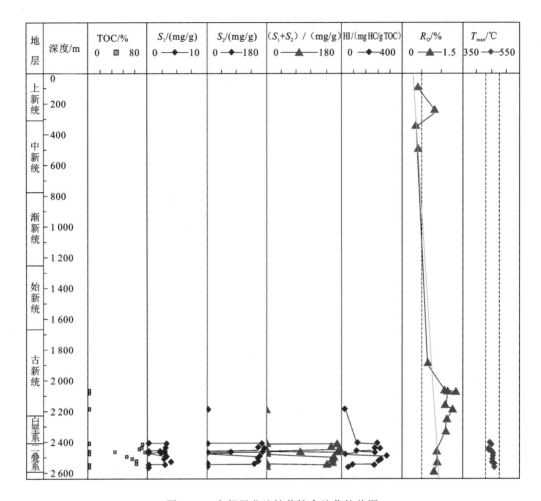

图 3.22　宾都尼盆地钻井综合地化柱状图

Aifat 组为浅海相沉积,发育厚层黑色钙质页岩,最大厚度可达 700 m,向盆地东部埋藏增大。干酪根类型为 $II_2 \sim III$ 型,TOC 最大可达 2.2%,热解烃 S_2 为 0.06 ~ 1.51 mg/g,氢指数较低,热解 T_{max} 为 445 ~ 515 ℃,镜质体反射率 R_o 为 1.1% ~ 2%,盆地东部多处于成熟-过成熟阶段。

2) 侏罗系烃源岩特征

中侏罗统下 Kembelangan 群 Yefbie 组与 Tipuma 组上段具有良好的生烃潜力,岩性主要为三角洲-浅海相泥岩、碳质泥岩、煤层,向盆地东部地层变厚,埋藏加深。干酪根类型为 $II_2 \sim III$ 型(图 3.23),姥植比高,为 3.7 ~ 4.2,反映了陆源高等植物输入较多。其中泥岩 TOC 为 1.03% ~ 3.8%,HI 为 56 ~ 500 mg HC/g TOC,S_2 最大可达 18 mg/g;碳质泥岩 TOC 为 10.8% ~ 38.5%,HI 为 102 ~ 313 mg HC/g TOC;煤 TOC

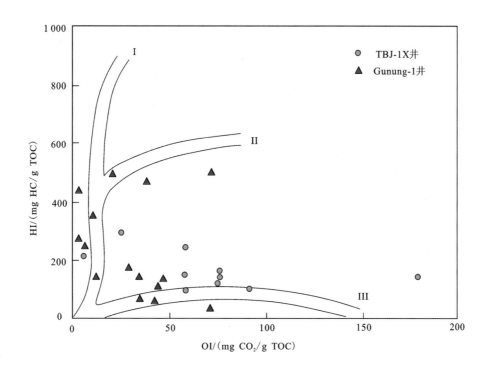

图 3.23　宾都尼盆地侏罗系干酪根类型图

为 40.5％～44％,HI 为 117～300 mg HC/g TOC,S_2 为 2～40 mg/g,总体属于中等-好的煤系烃源岩,以生气为主,且 HI 较高,具有一定的生油能力。前渊斜坡区 R_o 为 0.53％～0.7％,约 3 100 m 达到生烃门限,4 400 m 进入大量生气阶段,而前渊拗陷带侏罗系埋深普遍大于 4 400 m,分布面积广,均已达到成熟-过成熟阶段,进入生气高峰期,为本区重要的气源岩。

3）中—上新统烃源岩特征

宾都尼盆地上中新统 Klasafet 组和下上新统 Steenkool 组为海相沉积,岩性主要为浅灰色-黑灰色泥岩、泥灰岩、泥粒灰岩、灰岩与钙质泥岩,广泛发育,但从北到南存在相变。盆地南—东南部多为外浅海-深水开阔海相沉积,地层整体呈现西薄东厚、埋藏西浅东深,在东部前渊拗陷带埋深 4 000～6 000 m。该套海相烃源岩以藻类有机质为主,I～II 型干酪根,生油为主,在盆地北部已经发现 4 个油田,并在 Arguni 区块和东部褶皱带北部地表发现多处油苗。

油样分析显示烷烃组分最大为 n-C_{16} 和 n-C_{28},包含一些轻烃。油含有约 86％的烷烃,不含有沥青质,密度为 42.3 °API,指示油可能来自中-晚成熟烃源岩,并经历一定程度的生物降解,使轻烃减少。烷烃碳同位素比值为−25.5°/∞PDB,指示烃源岩主要来源于海相浮游藻类,气色质谱实验显示降藿烷和藿烷为主,含少量或不含奥利烷与树脂,证实油主要源自低等藻类烃源岩,但也有一定的混源特征(图3.24)。北部的萨拉瓦提盆地,主力烃源岩为 Klasafet 组海相泥岩,成熟度中等偏高,油主要来自藻类源岩,含少量高等植物。

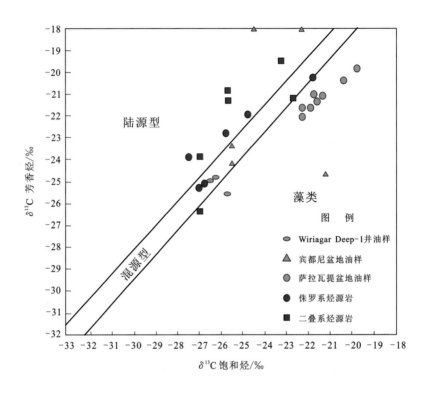

图 3.24　宾都尼盆地油源同位素对比图

　　盆地内 Klasafet 组多为滨外(外陆架)沉积,发育泥灰岩与泥岩沉积,在海湾及北部发育碳酸盐岩沉积环境下的陆架边缘和潟湖组合,厚度超过 500 m。在南部陆上钻井揭示平均 TOC 为 2%～8%,HI 为 300～700 mg HC/g TOC;S_2 可达 20 mg/g,为该区较重要的一套油源岩。

　　下上新统 Steenkool 组为浅海相沉积,岩性为浅灰-黑色泥岩,偶见棕色泥岩和砂岩,盆地西北缘钻井揭示厚度达 260 m,向东部拗陷带,厚度迅速变为 3 000 多米(在萨拉瓦提盆地可达 4 500 m),TOC 为 0.32%～2.59%,平均 0.8%;S_2 为 0.10～11.06 mg/g;HI 为 2～141 mg HC/g TOC;R_o 为 0.22%～0.63%,T_{max} 为 378～432 ℃,地化指标较好,但未成熟,推测有效烃源岩应位于盆地前渊拗陷带。

2. 储盖组合特征

宾都尼盆地发育多套储层,包括中下侏罗统 Kembelangan 群下部砂岩、古新统 Waripi 组钙质砂岩和鲕粒灰岩、始新统—渐新统灰岩和砂质灰岩、中新统 Kais 组泥质灰岩和砂质灰岩、上中新统泥质灰岩。其中油气贡献最大的储盖组合为中侏罗统砂岩储层及其上覆的厚层白垩系—古近系泥岩盖层,其次为古新统砂岩储层及其上覆的 Faumai 组灰岩盖层(Larry et al.,2004)、中新统 Kais 组灰岩储层及其上覆的 Klasafet 组泥灰岩盖层。

1) 侏罗系储盖组合特征

中侏罗世盆地发育三角洲-浅海相砂体,为优质的砂岩储集体,也是宾都尼盆地最主要的油气产层,目前已发现的东固气田为这一套砂岩储层。统计发现,侏罗系成藏组合的储量占整个宾都尼盆地储量的近 90%。受沉积相带展布影响,盆地侏罗系三角洲砂岩自东向西逐渐减薄、尖灭(图 3.25),西部海域以细粒、泥质碎屑沉积为主,向北侏罗系储层逐渐被剥蚀,向南砂岩变细变薄。东北部为主要物源区,砂岩向北为上超接触关系,向北西—东部逐渐超覆,自下而上砂体发育程度与规模增大,尤其是上部的 Roabiba 组上段砂岩,主要为潮汐河道块状砂岩,测井曲线呈正旋回及箱状特征,厚度 150 多米。在盆地东部分布范围广,厚度大,为东固气田群的主力储层。

早中侏罗世为伸展背景,盆地开始扩张,海平面缓慢上升,沉积中心位于盆地的中部及中西部,东部主要为物源过路区和剥蚀区。中侏罗统下部的 Roabiba 组下段砂体主要位于盆地中西部,砂体多期叠置,向东部隔夹层增多,宾都尼盆地 Wos 和 Ubadari 气田以及以西和西南部均为这一套砂岩储层(图 3.26)。

中侏罗统上部为 Roabiba 组上段砂岩沉积,测井曲线为箱形,中-细粒块状砂岩,平均厚度 100 多米,以潮汐三角洲河道砂岩为主,分布广、规模大,主要分布在宾都尼湾东北部及南部陆上,在 Vorwata 气田区可能为主潮汐河道,砂体石英含量为 60%以上,分选好、次棱角-次圆状、发育原生粒间孔和次生孔隙,孔隙度为 10%～18%,渗透率多大于 10 mD,尤其是在深层(大于 5 300 m),依然保留较高的孔隙度(大于 12%)。储层质量主要受控于后期成岩作用影响,包括钙质胶结和石英次生加大(图 3.27)。宾都尼盆地重要的气田如 Vorwata 气田、Wirigar deep 气田和 Asap 气田等均为这一套砂岩储层。

白垩纪时期盆地为开阔海相沉积环境,广泛沉积了 Jass 组泥岩、页岩和粉砂质页岩,厚度为 200～300 m,岩性致密,可作为侏罗系三角洲砂岩储层的区域性盖层。

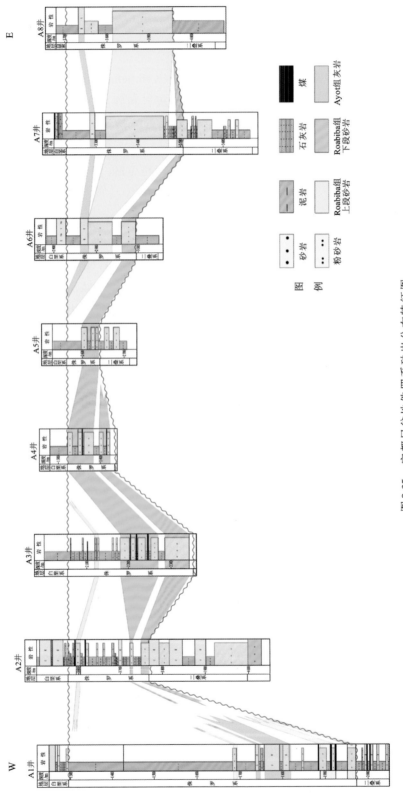

图 3.25　宾都尼盆地侏罗系砂岩分布特征图

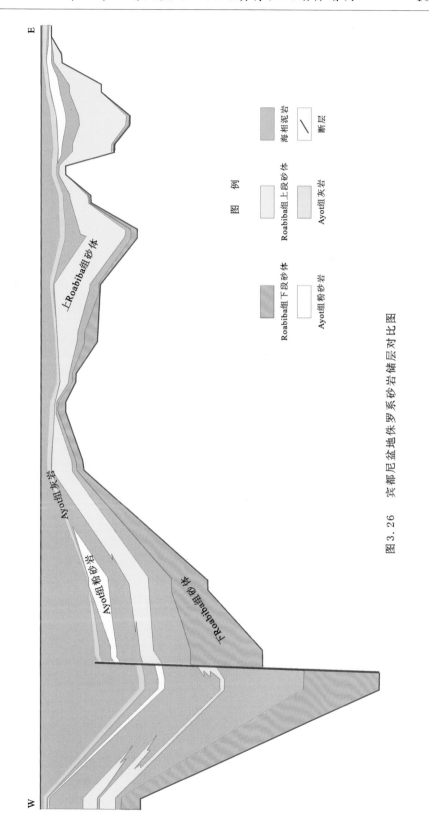

图 3.26　宾都尼盆地侏罗系砂岩储层对比图

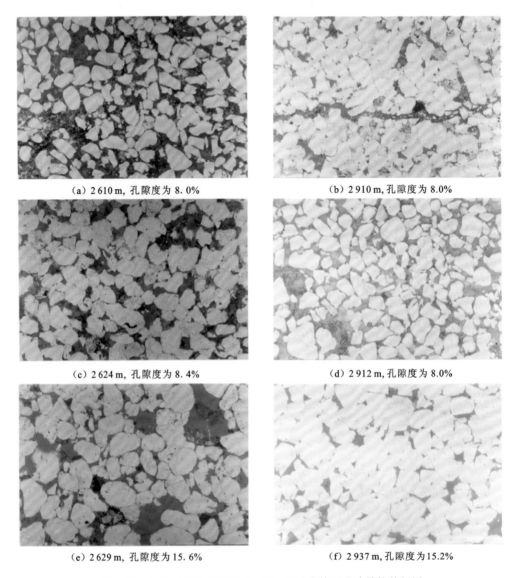

(a) 2 610 m, 孔隙度为 8.0%

(b) 2 910 m, 孔隙度为 8.0%

(c) 2 624 m, 孔隙度为 8.4%

(d) 2 912 m, 孔隙度为 8.0%

(e) 2 629 m, 孔隙度为 15.6%

(f) 2 937 m, 孔隙度为 15.2%

图 3.27　宾都尼盆地侏罗系 Roabiba 组砂岩镜下孔隙结构特征图

2）古新统储盖组合特征

古新世时期盆地为滨浅海相沉积环境，气候温暖，沉积了 Waripi 组砂岩、泥岩、蒸发岩和灰岩，其下部砂岩厚度几十米，为较好的储层。Waripi 组南厚北薄，Besari 河地区为古沉积中心，厚度可达 700 m，但泥质含量相对较大。向北砂岩逐渐变薄。Waripi 组泥岩、灰岩夹层和蒸发岩可作为局部盖层，其上覆的厚层 Faumai 组浅海相灰岩为区域盖层。

Wiriagar Deep 气田主力产层为 Waripi 组，发现储量共 0.37×10^8 t 油当量，占整

个油气田储量的 71%。Waripi 组储层厚度大、物性好,其储量占整个宾都尼盆地的 9%。

3) 中新统储盖组合特征

中新统 Kais 组沉积时期,盆地为浅海相沉积环境,形成了大规模碳酸盐岩沉积,厚度约 300 m,沉积范围很广,且分布稳定。生物礁的发育数量和规模都很小,物性普遍较差,仅一些台地和隆起边缘发育的潟湖、生物礁灰岩具有良好的储集性,孔隙度最大可达 30%。中新统晚期由于海平面上升,沉积了 Klasafet 组泥岩、泥灰岩,既可以作为生油岩向 Kais 组储层供烃,也可以作为 kais 组的区域盖层。此外,上新统 Steenkool 组泥岩、粉砂质泥岩也是 Kais 组储层的有效盖层。Mogoi 油田、Wiriagar 油田、Wasian 油田、Jagiro 4 油田等油田主力产层均为 Kais 组,不过,尽管 Kais 组有较多油气发现,但其储量规模较小,仅占宾都尼盆地全部储量的 2%。

3. 圈闭特征

宾都尼盆地经历了伸展、挤压反转等多期构造演化,盆内不同构造带和不同的成藏组合内,圈闭类型存在明显差异。

1) 二叠系—侏罗系成藏组合圈闭特征

二叠系—侏罗系是宾都尼盆地下含气层段。侏罗系为主力含气层段,发育背斜、断背斜、逆冲断层相关褶皱构造圈闭,以及由海进超覆与不整合共同形成的地层-岩性圈闭(表 3.1),各类圈闭的分布又具有一定规律性。二叠纪—侏罗纪的区域伸展作用,导致侏罗系中断层发育,形成了近东西、北东—南西向的断块圈闭;晚渐新世北东—南西向的挤压碰撞,使得盆地西北区发育一系列褶皱和高角度断裂,其中褶皱多沿北西—南东向雁列式排列,高角度断裂主要为中生代断裂的再次活化;上新世—更新世时期,由于澳大利亚板块向北运动以及菲律宾亚板块向西运动,使澳大利亚古大陆北缘发生斜向聚敛运动,强烈的挤压和压扭作用导致盆地东西差异隆升,在盆地东部形成冲断褶皱带及伴生的逆冲断层相关褶皱圈闭(Kendrick and Hill,2011;Sutriyono and Hill,2001)。另外,在侏罗纪,盆地发生北—北东向的大规模海侵作用,形成多套潮汐三角洲-浅海滩坝砂体,并逐渐向北东超覆,同时由于二叠纪末的差异隆升剥蚀,导致宾都尼盆地西南部为低洼带,侏罗系优先沉积在这些负地形区,并向四周超覆,形成典型岩性圈闭。侏罗纪末,宾都尼湾北部整体抬升,侏罗系被剥蚀殆尽,白垩系 Ayot 组灰岩直接与侏罗系 Roabiba 组砂岩接触,可形成地层圈闭。

表 3.1　宾都尼盆地二叠系—侏罗系圈闭类型特征表

圈闭类型		圈闭示意图	分布位置	层系
构造圈闭	背斜		盆地北部陆上、海湾西部地区雁列状分布	P—J
	断块、断背斜		盆地海湾南部及南部陆上区域	P—J
	逆冲相关褶皱		盆地东部逆冲褶皱带	P—J
岩性-地层圈闭			海湾及海湾东南侧	J

2）古新统圈闭特征

古新统 Waripi 组在宾都尼湾发育一套浊积砂体，是 Wiriagar Deep 气田的主力产气层段，储量约 $432.40×10^8$ m^3，为构造-岩性复合圈闭类型的气藏。

3）中新统圈闭特征

中新统 Kais 组礁灰岩是宾都尼盆地主力含油层段，共发现 4 个油田，储量约 $0.08×10^8$ t 油当量，圈闭类型主要为构造-岩性复合圈闭。

4. 油气运聚分析

宾都尼盆地发育三套烃源岩，二叠系与侏罗系煤系地层为优质的煤系烃源岩，以生气为主，是东固气田群及 Kasuri 气田的气源岩；中新统—上新统海相泥岩为较好的海相烃源岩，以生油为主，是海湾北部陆上油田的主要油源岩。

宾都尼盆地二叠系与侏罗系气源岩晚白垩世开始成熟,晚中新世—早上新世进入大量生气阶段;原油主要来源于上中新统—上新统及下二叠统海相烃源岩,具有一定的混源性质,下二叠统源岩约在晚上新世进入生油阶段。同时,盆地背斜、断背斜和逆冲断层相关褶皱圈闭以及构造-岩性圈闭等,多形成于晚中新世—早中上新世,与烃源岩大量生排烃期匹配较好。

不同层系烃源岩大量生排烃后,运移到不同圈闭带的差异较大,除了运移时间不同外,油气运聚模式也不同。在前渊拗陷带,二叠系—侏罗系气源岩生成的大量天然气,主要沿着前渊斜坡带侏罗系厚层砂体侧向运移,再顺着断裂垂向运移,最终在北西向成排展布的背斜构造带汇聚,形成了盆地北西部的侏罗系背斜、断背斜以及地层-岩性气藏(图 3.28),如东固气田群,地质储量近 $5\,946.57 \times 10^8\ m^3$。同时,在东西向断裂发育区,断层作为运移通道,可将油气运移到浅层古新统 Waripi 组浊积砂岩内成藏,Wiriagar Deep 气田就属于这一模式。另外,在盆地东部边缘冲断带,可见来自 Steenkool 组的油苗,证明冲断带的断层是重要的油气垂向运移通道,二叠系与侏罗系油气可沿着断层运移到侏罗系逆冲断层相关褶皱圈闭和断块圈闭聚集成藏。

另外,上中新统—下上新统倾油型烃源岩主要分布于前渊拗陷北部,中晚上新世开始成熟生油,直接与礁灰岩岩性接触或通过断层沟通,最终可在背斜圈闭中聚集成藏,具有代表性的油田有 Wiriagar 油田、Mogoi 油田和 Wasian 油田等。

3.2.3　盆地勘探潜力及方向

宾都尼盆地油气勘探程度还未达到成熟阶段,其勘探主要根据地表油苗、地表背斜和地震资料进行的,已发现油气田多集中于宾都尼湾和北部陆上,证实了盆地良好的石油地质条件。在南部和东部的深层以及逆冲褶皱带,初步推测仍有不少构造及地层圈闭没有识别出来。宾都尼盆地可以划分为三个油气区,即北部陆上中新统含油气区、宾都尼湾及南部陆上侏罗系含油气区以及盆地东部逆冲褶皱带含油气区,由于三个油气区石油地质条件与成藏特征的差异性,从而也决定了其勘探潜力与勘探方向的不同。

东部逆冲褶皱带与宾都尼湾内的地质条件相似,推测其主要含油气系统为二叠系—侏罗系煤系烃源岩与侏罗系三角洲砂体,区域上仅钻探 Suga1 井,目的层为中新统 Kais 组灰岩,未钻至侏罗系勘探层系。分析认为逆冲褶皱带下伏二叠系煤系烃源岩已成熟,主要储层为侏罗系三角洲相砂岩,储层质量好,分布于褶皱带北部;次要储层为二叠系海岸平原相砂岩,物性较差。逆冲褶皱带可划分为宽缓褶皱带、叠瓦冲断带和强烈造山带(Kendrick and Hill,2011;Hill et al.,2004;Sutriyono and Hill,2001),前两个带可以形成一系列与冲断作用有关的构造圈闭,包括背斜圈闭、断层圈闭和复合圈闭。该区紧邻西部前渊拗陷带的逆冲褶皱带勘探潜力最大,不仅靠近拗

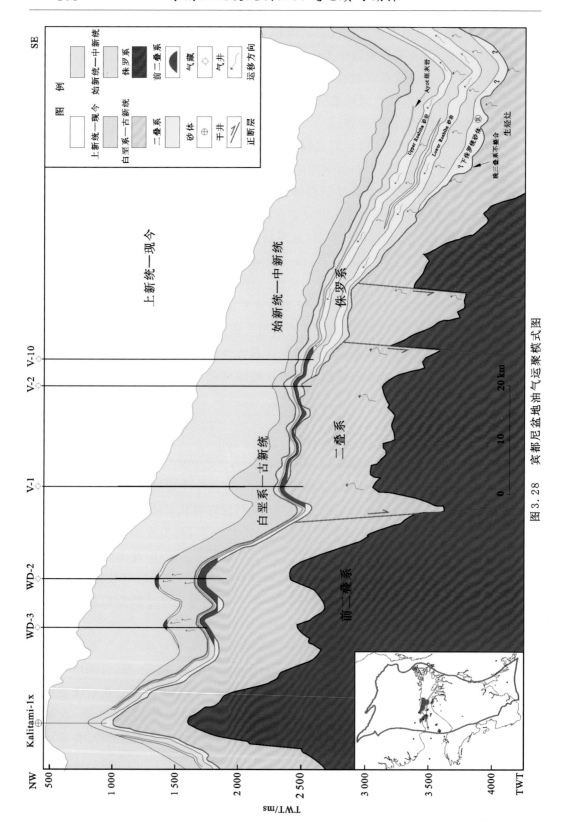

图 3.28 宾都尼盆地油气运聚模式图

陷带二叠系有效烃源灶,而且侏罗系储层发育,圈闭类型多样,白垩系大部分虽然抬升但保留完整,仍可作为优质区域盖层。总之,东部逆冲褶皱带油气地质条件优越,勘探程度低,是印度尼西亚东部重要的勘探领域和勘探方向。

宾都尼湾及南部陆上是 20 世纪 90 年代以来的重点勘探区,并在 1990～1997 年发现了海湾东固气田群 6 个气田,地质储量约 5 946.57×10^8 m^3,2010 年又在南部陆上 Kasuri 区块发现 4 个气田,地质储量约 991.10×10^8 m^3,充分揭示了宾都尼盆地良好的石油地质条件。以最大的 Vorwata 气田为例,地质储量 4 125.79×10^8 m^3,背斜圈闭向东、南、西三个方向下倾,向北超覆和剥蚀尖灭,紧邻生气灶,储层厚度大(大于 152 m),并向南逐渐变厚,平均孔隙度为 13.5%,渗透率大于 200 mD,以产气为主,含有少量的凝析油。

在宾都尼湾及南部陆上油气区,二叠系与侏罗系煤系烃源岩为主力气源岩,特别是二叠系海岸平原相煤系烃源岩,有机质丰度高,热演化程度高,主要分布于前渊拗陷带,面积可达 11 000 km^2,为油气成藏奠定了丰厚的物质基础。主要储层为侏罗系海侵潮汐三角洲砂体,目前油气多发现于 Upper Roabiba 组上段与 Lower Roabiba 组上段砂体,其单层厚度大(可达 150 m),分布范围广,平均孔隙度大于 15%,在 5 300 m 埋深仍可达 12%,渗透率为 247 mD;次要储层为古新统 Waripi 组浊积砂体,分布范围有限,仅在海湾 Wiriagar Deep 气田及周缘发育,平均孔隙度为 8%～15%,平均渗透率为 18 mD;由于中新统 Kais 组礁灰岩相变以及二叠系海岸平原砂体埋藏深,两者的储层质量均较差,为本区潜在勘探层系。总之,宾都尼湾东南部,侏罗系地层岩性圈闭值得关注,而南部陆上区域,石油地质条件较为优越,勘探程度低,有望获得大中型油气田发现。

宾都尼盆地北部陆上是该盆地勘探最早的区带,早在 1941 年就发现了 Mogoi 油田和 Wasian 油田,前者地质储量为 0.04×10^8 t 油当量,后者为 0.03×10^8 t 油当量。主要含油气系统由中新统—早上新统海相低等藻类烃源岩与上中新统 Kais 组礁灰岩组成,次要含油气系统由二叠系—侏罗系煤系烃源岩与晚中新统 Kais 组礁灰岩及二叠系海岸平原相砂体组成,且北部陆上不发育侏罗纪地层。海相低等藻烃源岩可能为礁滩后潟湖沉积环境(沉积时与萨拉瓦提盆地为统一的沉积环境),分布于盆地北部一带,达到成熟门限的烃源岩分布较局限,仅发育于前渊拗陷带的北部区域。中新统 Kais 组礁灰岩储层多为陆架边缘塔礁,呈条带状或点状分布,在海湾区北部储层质量较好,向陆架边缘外发生相变,储层质量变差。圈闭类型多为北西—南东向背斜构造与岩性构成的复合圈闭,局部被正断层切割,这些断层可以起到沟通油源的作用。虽然北部陆上具有较好的石油地质条件,但 20 世纪 60～80 年代期间针对中新统钻探 20 多口钻井,均无油气发现,分析认为在烃源灶范围内有效落实圈闭是关键。

第 4 章

陆内裂谷盆地石油地质特征及勘探潜力

裂谷盆地是东南亚地区探明油气储量最多的盆地类型,而陆内裂谷盆地又是裂谷盆地重要的盆地类型。东南亚地区典型的陆内裂谷盆地主要位于巽他陆块内部,这类盆地是在不断增大的斜向板块聚敛背景下,在板块内部受区域碰撞诱导的拉张应力作用下形成的。西纳土纳盆地和泰国湾盆地位于中缅、马来、印支等多个微板块拼合的复杂构造位置,受到印度洋板块-欧亚板块碰撞所导致的北西向拉张应力的影响,且具有明显的走滑盆地特征。

4.1　西纳土纳盆地

西纳土纳(West Natuna)盆地位于马来半岛东部、印度尼西亚西北部海域纳土纳群岛(Kep. Natuna)西北部北纬 3°30～5°30′、东经 104°～107°30′,是中国南海和泰国湾地区最南部的一个盆地(图 4.1)。盆地总体呈北东—南西向展布,长 150 km,宽75 km,面积 9.55×10^4 km²,水深 70～100 m,由北部次盆、巴望次盆(Bawal Sub-Basin)和番禺次盆(Penyu Sub-Basin)组成。东部和东南部边界是纳土纳隆起,北部为万安盆地,西北边界为呵叻隆起,西部与马来盆地相接。东部完全处于印度尼西亚境内海域,西南部番禺次盆小部分位于马来西亚境内海域(Courteney et al.,1989)。

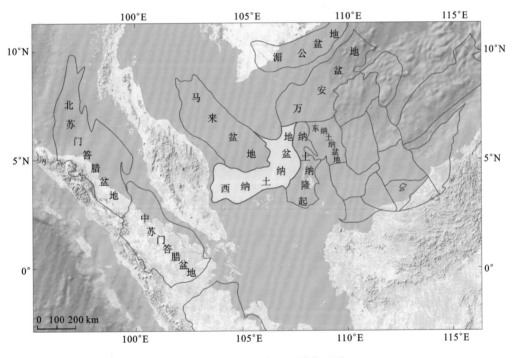

图 4.1　西纳土纳盆地区域位置图

西纳土纳盆地处于东南亚华南-印支联合板块内部,整体处于拉张环境,为一个典型的陆内裂谷盆地,油气资源十分丰富。盆地的勘探开始于 1968 年,在过去的 50 年中,西纳土纳盆地主要勘探工作由康菲(ConocoPhillips)公司完成。西纳土纳盆地共有 9 个勘探开发区块,覆盖盆地面积的 60% 以上。目前有 5 家公司在西纳土纳盆地持有区块,分别是康菲公司、海湾资源(Gulf Resources)公司、普来米尔石油(PremierOil)公司、加德士(Caltex)公司和埃克斯潘(Exspan)公司。截至 2015

年底,钻探井 117 口、评价井 47 口,发现 32 个油气田,探明可采储量 1.90×10^8 t 油当量。其中巴望次盆为盆地最大的沉积沉降中心,油气田主要分布在该次盆及其周缘,勘探程度高,而北部次盆和西南部番禺次盆勘探程度相对较低,具有较好的勘探前景。

4.1.1　盆地构造及沉积演化

1. 构造特征及演化

西纳土纳盆地自新生代以来,受印度洋板块与欧亚板块相互碰撞以及巽他地块旋转逃逸的影响,从始新世开始,在拉张应力作用下开始裂开,渐新世晚期开始整体沉降,中新世以后构造反转,整体经历了断陷期、拗陷期及挤压反转期三期演化阶段,形成了盆地隆凹相间的构造格局,主要由北部次盆、巴望次盆和番禺次盆组成(Daines,1985)(图 4.2)。

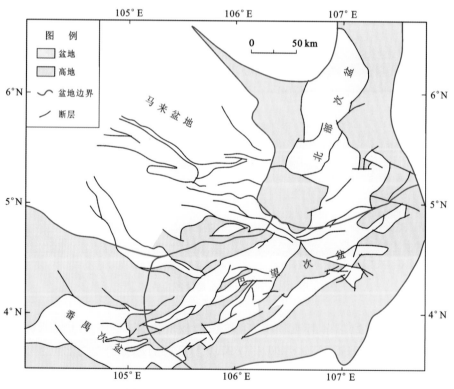

图 4.2　西纳土纳盆地构造单元划分图

1）断陷期

自始新世以后，盆地受到多个板块碰撞的影响，处于伸展作用环境，在基底断裂基础上，形成一系列正断层，控制着西纳土纳盆地主要的沉积和沉降中心。该阶段为盆地主要形成期。受正断层的控制，在盆内发育了相互独立的北东—南西向半地堑。这些分割性很强的半地堑进一步控制着沉积相展布，靠近控凹正断层的下降盘主要为扇三角洲等近源粗碎屑沉积，向凹陷深部，逐渐过渡为半深湖-深湖相泥岩。特别是渐新世早期开始，伸展作用非常强烈，控凹正断层活动速率高，盆地沉降量大，可容纳空间大，沉积物供给量相对较少，造成了盆地沉降中心的欠补偿环境，沉积了厚层Belut 组湖相泥岩，为盆地主力烃源岩。

2）拗陷期

晚渐新世—早中新世，断层活动减弱，盆地进入构造平静期，沉积了大套较稳定分布的湖泊沉积体系及三角洲体系。上渐新统 Gabus 组沉积早期，地形平缓，沉积速率低，以浅湖相泥岩沉积为主。Gabus 组沉积晚期，湖泊体系逐渐被进积的辫状河三角洲和湖相沉积代替，盆地沉积了厚层的辫状三角洲粗碎屑沉积物，为西纳土纳盆地主要储层。此后，伴随着海平面上升，西纳土纳盆地开始逐渐过渡为海相沉积环境。

3）挤压反转期

早中新世以来，受印度洋板块与欧亚板块的碰撞角度改变以及巽他地块旋转逃逸影响，印度尼西亚西部发生区域性的挤压和抬升，在马来盆地和西纳土纳盆地内形成一系列北东—南西向的走滑断层。这些走滑断层向西延伸到马来盆地，向东终止于纳土纳隆起，同时形成了北东—南西向的褶皱。这次挤压和反转导致沉积环境由浅海转变为沼泽、海岸平原环境。早-中中新世构造运动使早期沉积中心发育的厚层可塑沉积层挤压变形，盆地发生构造反转，沉积中心逐渐迁移，早期高部位成为新的沉积中心（Haile，1972）（图 4.3）。

西纳土纳盆地在三期构造演化阶段影响下，主要形成了两种不同的构造样式，分别为拉张构造和挤压反转构造样式。拉张构造指晚始新世—早渐新世时期印度洋板块和欧亚板块碰撞，导致巽他地块破裂，西纳土纳盆地受到北东向拉张应力影响，形成了一系列大致平行的正断裂。早期的断裂主要控制一系列北东—南西向半地堑。盆地多个地堑和半地堑组成三个大的次盆，分别为巴望次盆、番禺次盆和北部次盆，其中巴望次盆规模最大，位于盆地的东南部，北东—南西向，沉积地层约3 400～5 200 m。挤压反转构造指早中新世盆地发生了区域性的挤压和抬升，在地堑中形成典型下凹上凸的凹中反转构造样式，以及一系列北东—南西向的背斜（Ginger et al.，1994）。

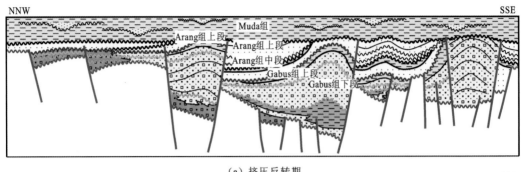

（a）挤压反转期

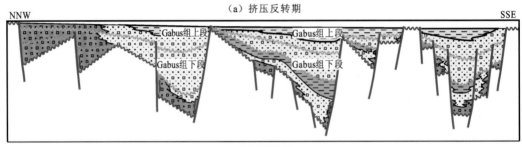

（b）拗陷期

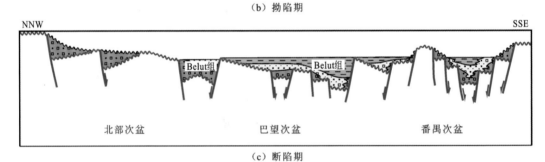

（c）断陷期

图 4.3　西纳土纳盆地构造演化剖面图

2. 地层与沉积特征

西纳土纳盆地主要以古近系巨厚的碎屑岩沉积物为主,受构造运动及海平面变化的影响,沉积环境自下而上,由陆相逐渐过渡为海相沉积(图 4.4)。

晚始新世—早渐新世的断陷期,盆地沉积了 Belut 组,最大厚度 1 500 m,主要为湖相沉积,垂向上表现为正旋回,下部为河流-三角洲相的灰绿色粉砂岩,夹杂分选较差的长石砂岩和砾岩,局部有火山岩;上部主要是湖相泥岩,该套泥岩是西纳土纳盆地最主要的烃源岩。

晚渐新世—早中新世,断陷作用减弱,盆地转变为稳定沉降,伴随着海平面上升,盆地由湖泊、河流-三角洲相环境逐渐演化为浅海环境,沉积了 Gabus 组和 Barat 组。Gabus 组主要为河流相、湖泊相、辫状河三角洲沉积,是盆地重要的含油层系,最大厚度约 1 800 m。随后由于海侵作用,沉积了河流相和浅海相的 Barat 组,主要为浅-暗灰色碳质泥岩及粉细砂岩夹层,局部见海绿石,地层厚度约 60～1 000 m。

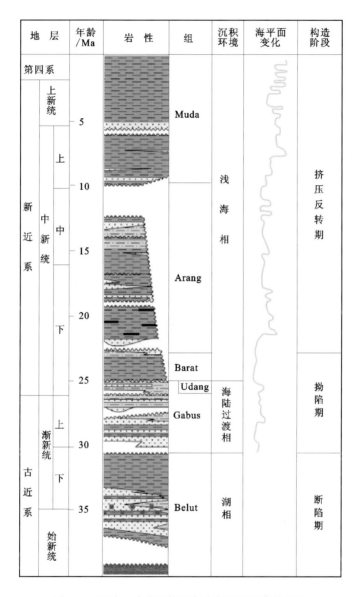

图 4.4 西纳土纳盆地构造期次与地层发育特征图

早中新世末期—现今,盆地经历了海退—海侵—海退沉积旋回,沉积了 Arang 组和 Muda 组。Arang 组最厚可达 1 600 m,主要是浅海相的浅-暗灰色碳质泥岩,见薄的煤层,偶尔出现海绿石和碳酸盐岩层。Arang 组底部的三角洲砂岩为盆地另外一套重要的储层,并与上覆海相泥岩形成良好的储盖组合。Muda 组是盆地发育的区域性盖层,厚度 600~800 m,主要为浅海相灰色和灰绿色泥岩。

4.1.2 盆地油气地质特征

1. 烃源岩特征

西纳土纳盆地发育渐新统 Belut 组湖相泥岩和中新统 Arang 组煤系泥岩两套烃源岩。其中,断陷期渐新统 Belut 组半深湖相泥岩为主力烃源岩(油源分析推测,无钻井揭示),TOC 为 $0.4\%\sim2.2\%$,HI 为 $100\sim300$ mg HC/g TOC(图 4.5)。原油姥植比低(Pr/Ph<3)说明是在低氧环境下形成的,高 $C_{28}\sim C_{30}$,4-甲基甾烷含量说明其来自湖相鞭藻(Schiefelbein and Ten,1994),指示了盆地内大部分油气来源于断陷期深湖相页岩和泥岩,而不是来自三角洲的煤(图 4.6)。中新统 Arang 组煤层和碳质泥岩为次要烃源岩,TOC 为 $4\%\sim89\%$,HI 为 $117\sim782$ mg HC/g TOC,S_1+S_2 为 $0.5\sim98$ mg/g。虽然 Arang 组烃源岩地化指标较好,但地层埋深较浅成熟范围有限,仅部分地区埋深大于 2 300 m 生烃门限(C&C Reservoirs,2011,图 4.7)。

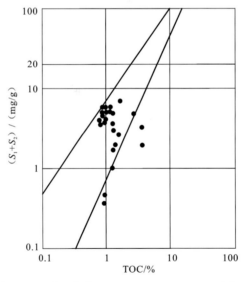

图 4.5 西纳土纳盆地 Belut 组 TOC-S_1+S_2 交汇图

2. 储盖层特征

西纳土纳盆地发育三套储层,其中 Gabus 组冲积扇-三角洲平原及三角洲前缘-海湾砂岩为盆地主要储层,Arang 组浅海三角洲砂岩为盆地重要储层,Belut 组砂岩为盆地次要储层,三套储层的孔隙度与渗透率具有较好的正相关关系(图 4.8)。

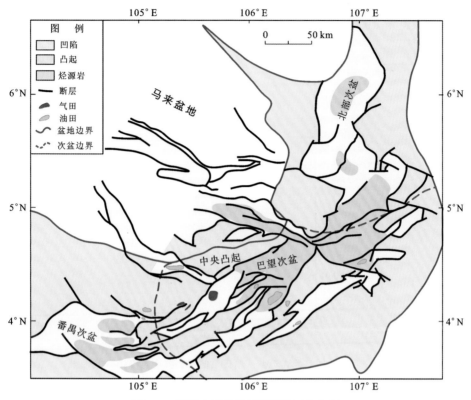

图 4.6　西纳土纳盆地烃源岩平面分布图

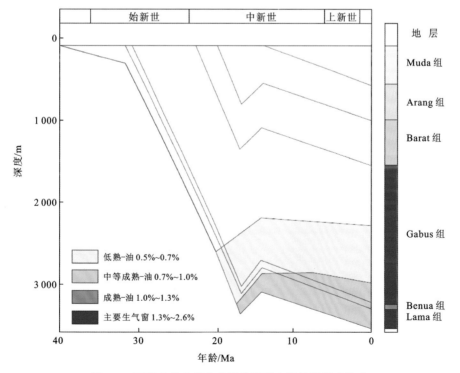

图 4.7　西纳土纳北部次盆钻井埋藏史及烃源岩成熟度

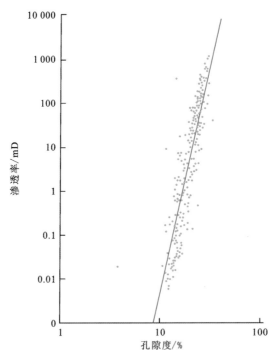

图 4.8　西纳土纳盆地古近系—新近系储层孔隙度与渗透率关系图

渐新统 Gabus 组砂岩(包括上部 Udang 段)是盆地主要储层,该组下部为冲积扇、三角洲相沉积环境,主要为细砂和中砂,少量砾岩,部分砂岩单层厚度达 250 m,孔隙度为 19%～24%,渗透率为 10～100 mD;上部的 Udang 段是盆地的主力储层,储层厚度为 45～305 m,有效储层厚度为 15～45 m,孔隙度为 19%～27%,渗透率为 1～1 285 mD,平均为 150 mD。

下-中中新统 Arang 组砂岩是盆地另一个重要的储层,属于三角洲相和浅海相沉积环境,主要是中砂和细砂岩沉积,单层砂岩厚度为 12～21 m,孔隙度为 20%～31%,渗透率为 80～300 mD。

始新统—下渐新统 Belut 组砂岩主要为冲积扇、河流平原相、湖泊相等陆相沉积环境,虽然埋深较大,但物性较好,孔隙度为 28%,渗透率为 1 000 mD,目前油气发现相对较少。

西纳土纳盆地盖层条件优越,主要发育 Arang 组、Barat 组、Muda 组等区域性大套海相泥岩盖层,以及 Gabus 组层间泥岩等局部盖层(Valencia,1985)。

3. 圈闭特征

从已发现油气藏类型来看,西纳土纳盆地绝大多数油气都聚集在构造圈闭和构造-岩性复合圈闭中(表 4.1),其中构造圈闭主要包括挤压背斜和披覆背斜,形成于盆地反转期。

表 4.1　西纳土纳盆地主要圈闭概况

圈闭类型	圈闭要素				形成时间
	储层	盖层	遮挡		
构造-岩性圈闭	Arang 组	Arang 组	构造	背斜、逆冲断层	早中新世—中中新世
		Muda 组		岩相变化	
构造圈闭	Arang 组	Arang 组	构造	逆冲断层	早中新世—中中新世
		Muda 组		背斜	
构造圈闭	Belut 组	Belut 组	构造	披覆构造	早渐新世
				逆冲断层、背斜	早中新世—中中新世
构造-岩性圈闭	Gabus 组	Gabus 组	构造	披覆构造	晚渐新世—早中新世
				逆冲断层、背斜	早中新世—中中新世
		Barat 组	构造-岩性	岩性变化	晚中新世
构造圈闭	Gabus 组	Gabus 组	构造	披覆构造	晚渐新世—早中新世
				逆冲断层	早中新世—中中新世

挤压背斜圈闭是该盆地最常见的圈闭类型,主要形成于早中新世以后,由于印度洋板块和欧亚板块斜向碰撞,盆地遭受强烈的挤压作用,伴随走滑断层活动,形成了一系列呈雁列式排列的挤压背斜构造,这些背斜整体上为成排成带、北东—南西向和北东东—南西西向展布。该时期形成的背斜往往又被中中新世—晚中新世的走滑断层和逆冲断层所切割,具有不对称性,背斜向东南逆冲,东南翼较陡而西北翼较缓。

披覆背斜构造在晚渐新世开始逐步形成。晚渐新世断陷作用减弱,盆地转变为稳定沉降。断陷期 Gabus 组和拗陷期 Belut 组超覆或披覆在古基底高之上,形成较完好的披覆背斜构造。该类构造往往位于控凹断层的上升盘,走向与控凹断层平行,北东—南西向展布。

4. 油气成藏模式

西纳土纳盆地油气田集中分布在盆地中部巴望次盆和南部番禺次盆,而北部次盆油气勘探成效不理想,究其原因,主要是中南部次盆与北部次盆的烃源岩成熟差异性及断裂活动差异性所致。

断陷期湖相烃源岩是西纳土纳盆地的主力烃源岩,但中南部次盆与北部次盆的断陷期上覆沉积地层厚度存在较大差异,因此烃源岩热演化与主要生排烃时期明显不同。

中南部次盆断陷期上覆地层厚,断陷期湖相烃源岩成熟较早,生成的油气可以沿反转期形成的断层垂向运移,到中浅层圈闭中聚集成藏,属于古生新储式近源油气成藏模式,目前这类油气藏发现储量最多。如在巴望次盆和番禺次盆,烃源岩于晚渐新世进入生油窗,并开始在断陷期沉积地层内发生初次运移和成藏;早中新世,盆地发生强烈构造反转,形成了一系列构造圈闭,到了早中新世末期,烃源岩进入生排烃高峰期,油气可以沿断层大规模垂向运移,最终在断层附近的背斜等圈闭中聚集成藏(Dickerman,1993)。

　　北部次盆断陷期上覆沉积地层薄,直到上新世,烃源岩埋深才普遍达到生烃门限,烃源岩成熟时期较晚(图4.9)。尽管在早中新世盆地强烈反转,也形成了系列断层和大量中浅层反转背斜圈闭,但北部次盆断陷期的湖相烃源岩在该时期还没有成熟,因此没有发生大量生排烃与油气运聚,这是中浅层没有成藏的主要原因。上新世以后,烃源岩已经达到了生烃门限,但该时期盆地区域构造反转作用明显减弱,早期断层活动停止,后期也没有形成新的断层,因此油气生排烃以后,难以通过断层垂向运移至中浅层成藏,但可以沿着源内砂体和不整合面侧向运移,形成源内构造-岩性油气藏和源下基底潜山油气藏,为侧源古储和新生古储式成藏模式(Gaynor et al.,1995)(图4.10),次盆内已有钻井在源内层系中见到较好油气显示。

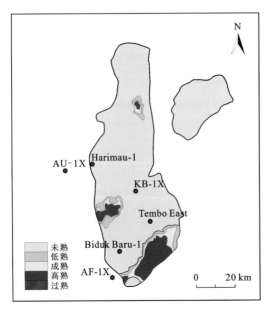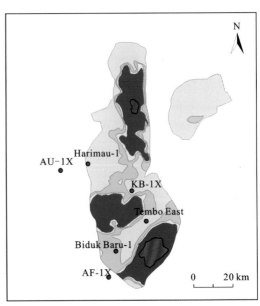

(a) 盆地构造反转前烃源岩成熟度　　　　　　(b) 现今烃源岩成熟度

图4.9　西纳土纳盆地北部次盆构造反转前与现今成熟烃源岩分布图

5. 含油气系统

　　西纳土纳盆地自下而上发育两个含油气系统,分别为始新统/渐新统—上新统含油气系统和中新统—上新统含油气系统(图4.11)。

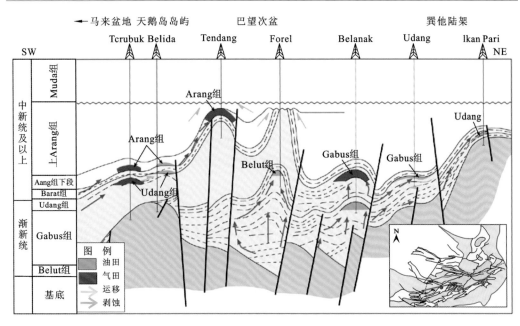

图 4.10 西纳土纳盆地油气运移成藏模式图

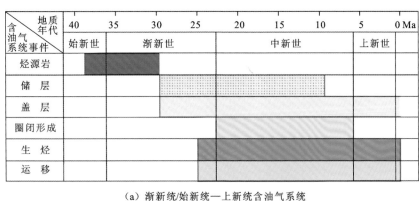

（a）渐新统/始新统—上新统含油气系统

（b）中新统—上新统含油气系统

图 4.11 西纳土纳盆地含油气系统图

始新统/渐新统—上新统是盆地重要的含油气系统,以生油为主、生气为辅,在中南部次盆与北部次盆地均存在。烃源岩为断陷期始新统/渐新统 Belut 组的湖相泥岩,主要储层为渐新统—中新统 Gabus 组、Arang 组和 Belut 组砂岩,盖层为渐新统—中中新统 Barat 组和 Arang 组海相泥岩。在中南部次盆,Belut 组湖相烃源岩生烃时间始于渐新世,生烃门限深度为 2 700 m 左右,生烃高峰时期为渐新世中晚期到中新世,早中新世是反转背斜等构造圈闭形成的主要时期,油气运移主要发生在早中新世末期,总体上,烃源岩生排烃、圈闭形成以及油气运聚等多个成藏要素,在时间和空间上均具有良好的匹配关系。

中新统—上新统是一个以生气为主的含油气系统,是盆地次要的含油气系统,主要分布在中南部次盆。烃源岩为中新统 Arang 组煤系烃源岩,储层为中新统 Arang 组三角洲相砂岩,盖层为上中新统—上新统的 Muda 组海相泥岩以及 Arang 组层间海相泥岩。Arang 组烃源岩自晚中新世开始生烃,成熟范围有限,生烃高峰期为晚中新世—上新世;油气运移主要发生在晚中新世—上新世,由于成熟时间较晚,油气成藏主要发生在源内的构造圈闭和地层岩性圈闭等圈闭中。

4.1.3　盆地勘探潜力及方向

西纳土纳盆地经历了 50 多年的油气勘探,区域上,勘探程度差异性很大,中南部的巴望次盆和番禺次盆勘探程度较高,获得大量油气发现,而北部次盆目前还未取得勘探突破,且钻井数量少,截至目前,北部次盆仅有探井 10 口。通过对北部次盆的深入研究,发现受烃源岩成熟较晚、晚期构造活动较弱的影响,与中南部两个次盆油气成藏模式具有明显差异性,浅层挤压背斜油气藏缺乏有效的油气运移通道,没有形成油气藏,相反在中深层的源内构造-岩性油气藏和基底潜山油气藏具有良好的勘探前景,是西纳土纳盆地有利勘探领域和方向。

北部次盆与其他两个次盆一样,均发育断陷期 Belut 组湖相泥岩烃源岩,钻井揭示北部次盆 Belut 组为滨浅湖相沉积,TOC 为 0.4%～2.2%,HI 为 100～300 mg HC/g TOC,埋深普遍为 3 353～3 962 m,R_o 介于 0.7%～1.0%,现今处于生油窗内。推测在北部次盆主体内部为半深湖相,可能会发育品质更好的湖相烃源岩。因此,尽管上覆地层较薄,烃源岩成熟时期较晚,特别是晚期构造反转很弱,断层不活动,油气垂向输导不畅,导致中浅层圈闭难以成藏,但源内勘探潜力不容低估,具体表现为两个主要勘探领域:一个是盆地边缘带基底潜山型构造,以及古隆起高背景下的构造-岩性圈闭;另外一个是中央反转构造带,由于盆地中新世的挤压反转,形成了一些低幅背斜构造。这些圈闭均临近烃源岩,油源条件优越,具有较大勘探潜力,是北部次盆未来重点的勘探领域与方向。

4.2　泰国湾盆地

泰国湾盆地是发育在巽他地块之上的典型陆内裂谷盆地(图 4.12)，面积为 12×10^4 km²。盆地北部以泰国海岸线为界，西、南两面被泰国-马来西亚半岛所限，南与马来盆地相连，东部为高棉陆架。盆地呈南北向延伸，由一系列南北向的次盆和隆起组成，地质条件十分复杂。

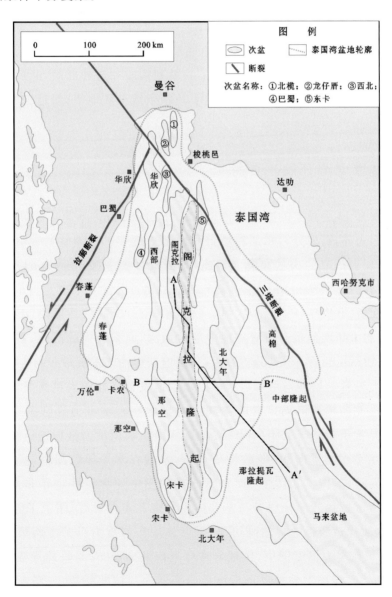

图 4.12　泰国湾盆地地理位置图(IHS,2012)

盆地具有裂谷盆地典型的断拗双层结构。下部为裂谷层序,主要分布于规模不等的各地堑中,并向地堑边缘的地垒、隆起或斜坡超覆。上部为上中新统—第四系的裂后拗陷层序,在整个盆地内广泛分布。

古近纪至新近纪,泰国湾盆地的构造活动主要与印度板块向欧亚板块的俯冲碰撞密切相关,特别是在渐新世,巽他地块内拉廊(Ranong)断裂和三塔(Three Pagodas)断裂的走滑运动,进一步控制了盆地内各次盆的形成与演化。

4.2.1　盆地构造及沉积演化

泰国湾盆地前古近系的构造格局受基底断裂控制,整体呈南北走向。中-晚三叠世,掸邦地块与印支地块发生碰撞,形成了一系列褶皱和逆冲断层,此后沿着构造薄弱带发育的南北向正断层持续活动,产生了一系列地垒和地堑;新近纪晚期,形成统一沉积盆地。

1. 构造单元划分及主要特征

盆地内发育13个独立的次盆,面积为 $500\sim28\,000$ km² 不等。走向整体南北向,以阁克拉隆起为界,可划分为东部斜坡带和西部地堑带。西部地堑带由大量南北向延伸的、以断层为边界的次盆和隆起组成,主要发育春蓬(Chumphon)次盆、西部次盆、阁克拉次盆、那空(Nakhon)次盆、宋卡(Songkhla)次盆 5 个次盆。东部斜坡带主要发育东卡次盆、北大年(Pattani)次盆、高棉(Khmer)次盆与马来(Malay)次盆 4 个次盆。其中,北大年次盆是泰国湾盆地中埋藏最深、面积最大的次盆,古近系与新近系厚达 8 km(Pradidtan and Dook,1992),是目前获得油气发现最多的次盆。

基于重力异常的处理与解释(图 4.13),盆地发育南北向大型断裂体系,整体呈现出明显的南北向构造格局。自由空气重力异常和布格重力异常图中可以看出,泰国湾盆地异常条带呈南北走向[图 4.13(a)(b)];利用重力数据进行滤波处理,对泰国湾盆地水平 0° 与垂向 90° 导数特征分析,发现在水平导数图中,泰国湾地区基本上不发育异常体[图 4.13(c)];而在垂向导数图中异常线性边界非常发育,可判断泰国湾盆地区域构造单元边界与断裂体系沿南北走向发育[图 4.13(d)];基于小子域滤波,盆地构造线性边界清晰可见,异常体展布与重力异常图所反映特征一致[图 4.13(e)];在重力梯度图中,区域异常体呈南北向展布,与垂向导数反映特征一致[图 4.13(f)]。泰国湾盆地的形成演化与南北向的拉廊断裂、三塔断裂的走滑活动密切相关。

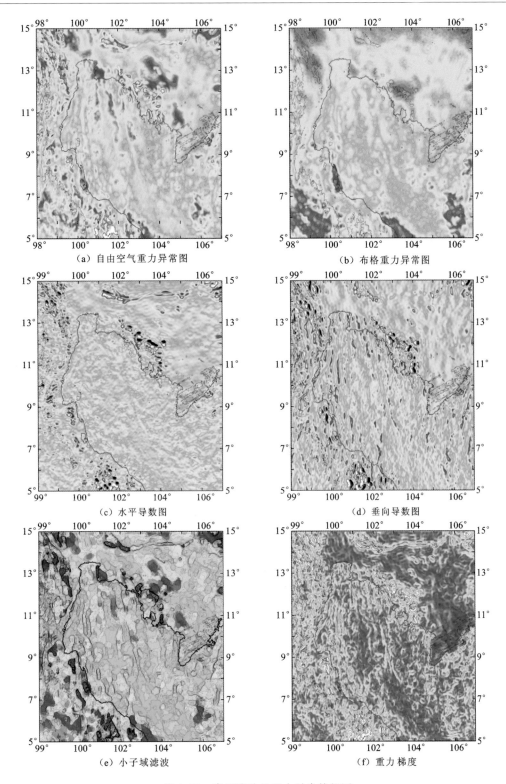

（a）自由空气重力异常图　　　　　　（b）布格重力异常图

（c）水平导数图　　　　　　　　　　（d）垂向导数图

（e）小子域滤波　　　　　　　　　　（f）重力梯度

图 4.13　泰国湾盆地重力异常特征图

　　渐新世—中中新世,印度板块向欧亚板块发生俯冲碰撞,但不同部位的碰撞速率和碰撞角度存在差异,这导致拉廊断裂与三塔断裂发生大规模走滑运动,并在泰国湾地区产生近南北向的剪切与近东西向的伸展,形成了一系列南北向的地堑(Bunopas and Vella,1983)。其中位于盆地西北缘的一些次盆,如春蓬次盆,距离拉廊走滑断裂最近,受走滑作用影响也最为强烈。

　　在拉廊断裂、三塔断裂所夹持的盆地内,还发育大量伴生的近南北向正断层,将盆地划分成若干次盆和隆起(图4.14)。其中,控盆边界大断层和控拗断层为继承性发育的大型基底正断层,单条断层平面上多呈弱"S"形弯曲,这些大断层附近常发育一系列小规模伴生断层,断距从数米到200 m不等。受这些南北向大断层控制,盆地呈现"三拗两隆"的构造格局,可划分为五个二级构造单元,分别是西部地堑带、西部隆起带、中央拗陷带、中央隆起带和东部拗陷带。三个拗陷带之间以南北向的基底隆起相隔,如西部阁克拉隆起与东部那拉提瓦隆起,在自由空气重力异常图中可清晰识别出[图4.13(a)]。

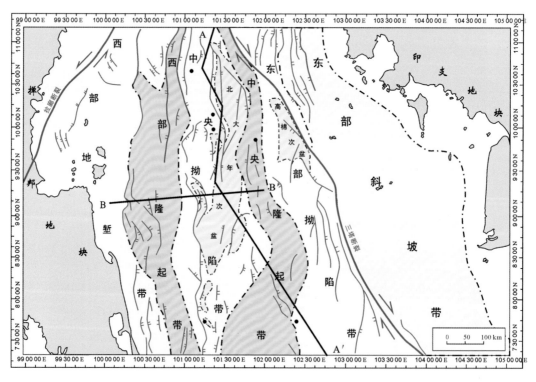

图4.14　泰国湾盆地构造纲要图

　　三个拗陷带均以控盆或控拗大断裂为边界,内部发育一系列南北向展布的次盆。西部地堑带位于西部隆起带西侧,发育系列小型狭长地堑,各地堑之间以隆起的基底垒块为界。在西部地堑区,各次盆内的古近系及新近系厚度一般为4 000～4 500 m,底部为渐新世沉积。中央拗陷带位于两大隆起带之间,主要发育北大年次盆,其上渐新统埋深大约 4 000 m,更早的沉积地层尚无探井钻遇。东部拗陷带发育高棉次盆和马来次盆(图 4.15、图 4.16),主要位于柬埔寨境内,目前勘探程度较低。

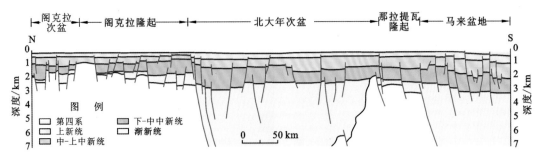

图 4.15　过北大年次盆的近南北向构造剖面图(剖面位置见图 4.14 AA')

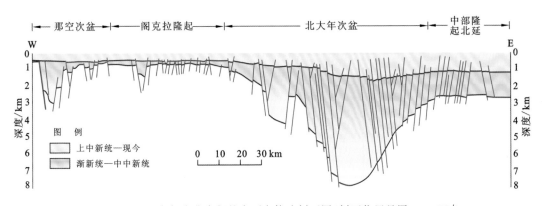

图 4.16　过北大年次盆南部的东西向构造剖面图(剖面位置见图 4.14 BB')

2. 构造演化及地层沉积特征

泰国湾盆地的形成演化,主要受印度板块向欧亚板块俯冲碰撞所产生的大型断裂走滑运动控制。盆地经历前古近纪前裂谷期、渐新世—中中新世裂谷期、晚中新世—至今拗陷期三个阶段(图 4.17),与之对应,盆地具有典型裂谷盆地的断拗二元结构。盆地基底是由古老地块及其之间的褶皱带构成,西部为巽-泰块体,东部为印支块体,两者之间为泰-马活动带,岩性为元古代结晶岩和古生代变质岩,以及部分中生代侵入岩。裂谷期主要为陆相含煤碎屑岩层系,局部受海侵影响(盆地东部),而拗陷期主要为河流平原相、三角洲相和滨浅海相沉积。三个拗陷带的各次盆中,最大地层厚度可达 8 500 m(北大年次盆),而在两个隆起带及其斜坡部位,还残存有前裂谷二叠系的碳酸盐岩沉积(Shoup et al.,2012)。

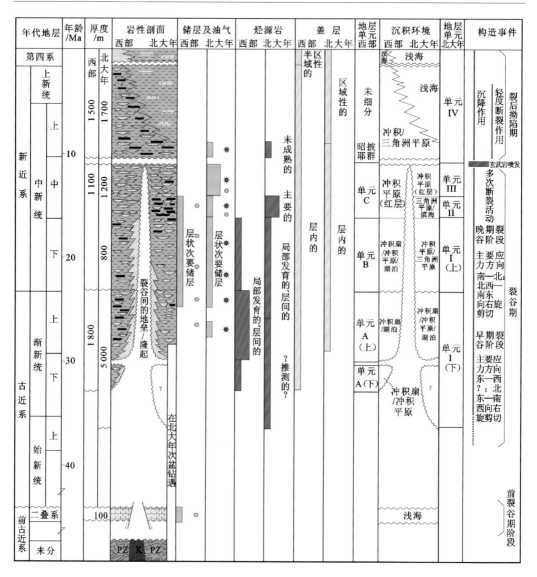

图 4.17　泰国湾盆地地层综合柱状图

1）前裂谷期（前古近纪）

在晚古生代和中生代,随着冈瓦纳古陆裂离、漂移和拼贴,盆地沉积了一套海陆过渡相和海相地层。二叠纪盆地处于克拉通大陆边缘,沉积了一套浅海陆架碳酸盐岩地层,主要分布在各次盆之间的地垒隆起或其斜坡上,后期遭受过长期暴露与剥蚀,可形成良好的孔缝型储层。晚白垩世受西缅地块、巽他地块与印支地块碰撞拼合的影响,在巽他地块西北部产生了一系列张性断裂并发生整体沉降（Packham,1993）,形成大陆边缘裂谷沉积,在北大年次盆可能发育陆相沉积,而在西部较浅的裂谷可能以冲积和湖相沉积为主。

2) 裂谷期(渐新世—中中新世)

裂谷期可分为晚渐新世早期裂谷阶段、早中新世—中中新世晚期裂谷阶段。该时期由于印度板块与欧亚板块的持续碰撞,在巽他地块北部形成北东向的拉廊走滑断裂和北西向的三塔走滑断裂,两组大型断裂的走滑活动,导致该区近东西向伸展,形成了一系列南北向地堑。

晚渐新世的早期裂谷阶段,走滑断裂发生近北东—南西向右旋剪切活动,此时各次盆彼此分割,大部分为陆相沉积,主要发育冲积扇相、河流冲积平原相与湖相沉积,其中,西部主要次盆下部以河流相沉积为主,向上过渡为湖泊相沉积,主要次盆中发育半深湖泥岩沉积(图 4.18),为良好的倾油型烃源岩,地层厚度 600~2 500 m;东部北大年次盆以陆相粗碎屑沉积为主,沉积厚度大。下渐新统不整合覆盖于前古近系基底之上。

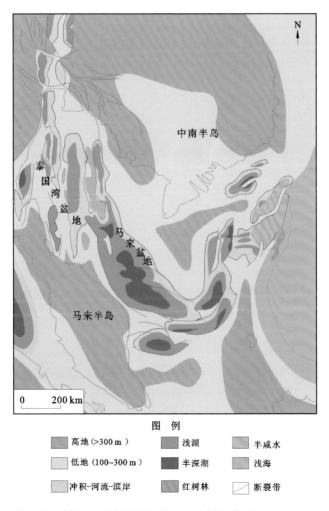

图 例

高地(>300 m)	浅湖	半咸水
低地(100~300 m)	半深湖	浅海
冲积-河流-滨岸	红树林	断裂带

图 4.18　泰国湾及周边地区晚渐新世古地理示意图(据 Shoup et al.,2012 修改)

　　早中新世—中中新世的晚期裂谷阶段,发生了多次断裂活动,走滑断裂主要为近北西—南东向的右旋剪切(Daly et al.,1991)。早中新世,盆地仍以陆相碎屑岩沉积为主,普遍发育冲积扇相、河流冲积平原相、三角洲相与湖泊相沉积,东部北大年次盆过渡为河流-三角洲相的砂泥岩互层沉积。中中新世,盆地整体发生沉降,沉积物开始逐渐覆盖于各次盆间的地垒或隆起上,形成全盆地连续分布的沉积地层,平均厚度约1 200 m(Pigott and Sattayarak,1993)。西部主要为一套河流冲积平原相的红层沉积,而东部北大年次盆,开始发生海侵作用,局部存在半咸水环境,早期主要沉积了一套三角洲相与滨浅海相碎屑岩沉积(图 4.19),其中,三角洲-滨岸沼泽相煤系泥页岩是良好的倾气型烃源岩,晚期与西部次盆一样,沉积了一套河流冲积平原相红层。中中新世末,盆地结束裂谷演化阶段,断层停止活动,整体开始进入区域性断拗转换沉降阶段(Polachan et al.,1991)。

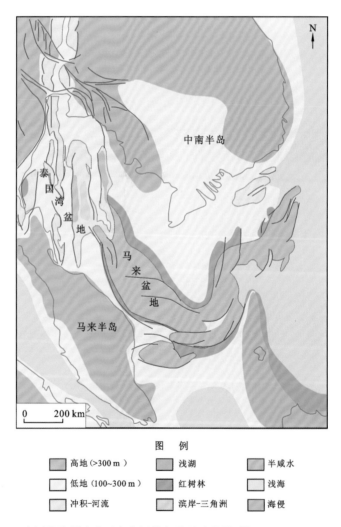

图 4.19　泰国湾及周边地区中中新世古地理示意图(据 Shoup et al.,2012 修改)

3）拗陷期（晚中新世—上新世）

晚中新世—上新世，断陷活动减弱，盆地进入了拗陷沉积阶段，彼此分隔的次盆逐渐统一，裂谷期形成的地垒、基底隆起等构造单元，被晚中新世—上新世沉积地层覆盖，但与裂谷层系相比，厚度明显减小，平均约1 600 m。该时期，海侵范围扩大，大部分地区已过渡为滨浅海沉积环境（图4.20），岩性以泥岩为主，夹砂岩、煤层，向上泥岩比例增大。在盆地西部，各次盆早期以河流-三角洲相沉积为主，后期随着海侵作用，发育滨浅海与潟湖相砂泥岩沉积；而东部北大年次盆，由于广泛的海侵作用，主要为滨浅海相砂泥岩互层沉积（Polachan et al.，1991）。

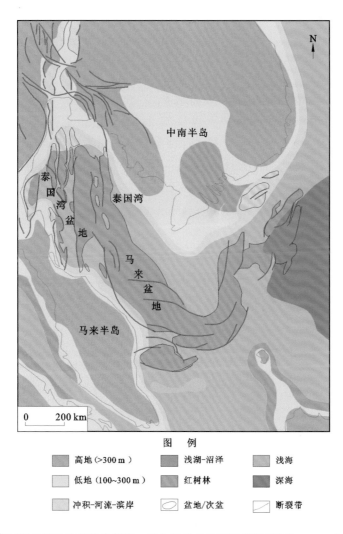

图 4.20　泰国湾及周边地区晚中新世—早上新世古地理示意图（据 Shoup et al.，2012 修改）

4.2.2　盆地油气地质特征

1. 烃源岩特征

泰国湾盆地主要存在二套烃源岩,西部次发育裂谷期下渐新统湖相烃源岩,以生油为主,东部北大年次盆发育裂谷期中中新统的三角洲相煤系烃源岩,以生气为主,这与目前的钻探发现较一致,北大年次盆主要为气田,西部次盆主要为油田。

1) 北大年次盆

北大年次盆主力烃源岩为中新统的三角洲相煤系烃源岩,次要烃源岩推测为渐新统。

（1）中新统烃源岩特征

中新统为北大年次盆的主力烃源岩层系,岩性主要为富含有机质的薄层碳质泥岩,属三角洲相和潟湖沼泽相沉积。煤层的 TOC 含量超过 40%,泥岩的 TOC 值从 0.2% 到大于 2%。该套烃源岩中含有各种藻类和陆源植物有机质,具有良好生烃能力。北大年次盆地温梯度最高,为 4.0 ℃/100 m～6.0 ℃/100 m,生气门限约为 2 600 m,烃源岩现今普遍进入生气阶段。

（2）渐新统烃源岩特征

渐新统烃源岩岩性为冲积平原相和湖泊相泥岩,偶见煤层。钻井揭示 TOC 一般在 0.2%～0.8%,煤层厚度小,地化指标较差,钻井仅钻到渐新统上部地层约 1 000 m,而该套地层最大厚度达 5 000 m,因此推测在盆地中部的深层,沉积相带类型变好,可能具有一定生烃潜力。

2) 西部次盆

西部次盆主力烃源岩为裂谷期下渐新统湖相泥岩,富含藻类,有机质类型为 I 型和 II 型,TOC 不超过 5%,以生油为主。西部次盆的地温梯度低于北大年次盆,约 3.4 ℃/100 m～4.8 ℃/100 m,生油门限为 2 500～2 900 m,生气门限大约 3 900 m,该套烃源岩现今仍处于生油窗内。目前,西部次盆所发现原油的密度为 30～42°API,具有较低的气油比和较低的含硫量,石蜡含量偏高。

2. 储盖层特征

泰国湾盆地主力储层为上渐新统—中中新统碎屑岩,目前油气发现主要在该套储层中(表 4.2,图 4.21),二叠系碳酸盐岩及上中新统、渐新统、始新统碎屑岩为次要储层。上中新统三角洲相和浅海相泥岩为区域性盖层,各次盆中也发育上渐新统——中中新统的局部泥岩盖层。

1) 二叠系碳酸盐岩储层

前裂谷期的二叠系碳酸盐岩储层主要分布于次盆间的隆起带和斜坡处,受后期与断裂作用与暴露侵蚀改造,发育裂缝型储层。目前仅在西部地堑区的春蓬次盆和宋卡次盆埋藏较浅的二叠系碳酸盐岩储层中获得原油发现,储量规模较小(表 4.2,图 4.21),目前已有两个油田(Nang Nuan A 和 Nang Nuan B)投产。

表 4.2　泰国湾盆地探明油气储量的层位分布表

储量 层位	石油 /10^8 t	凝析油 /10^8 t	天然气 /10^8 m³	合计 /10^8 t	占比 /%
上中新统	0.06	0.01	126.65	0.18	2.34
下-中中新统	1.27	1.01	5 928.57	7.16	94.41
渐新统	0.15	—	76.99	0.21	2.79
始新统	0.02	—	0.48	0.02	0.26
二叠系	0.01	—	0.59	0.02	0.20
合计	1.52	1.02	6 133.26	7.58	100
占比/%	19.98	13.39	66.63	100	

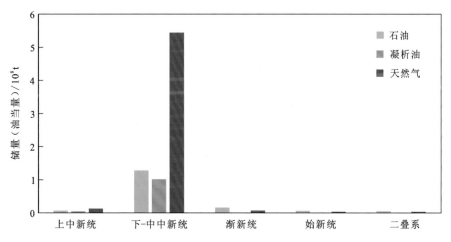

图 4.21　泰国湾盆地探明油气储量的层位分布

2）上渐新统—中中新统碎屑岩储层

该套储层主要为冲积平原河道砂岩,砂体在侧向上不连续且厚度一般较小,平均厚 5.5 m,最大达 24 m,在地震资料上可见蛇曲特征(Lian and Bradley,1980)(图 4.22)。同时,也发育三角洲平原河道砂岩和河口坝砂岩。

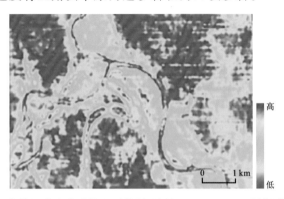

图 4.22　蛇曲状河道和边滩的地震特征(浅层 124 ms,30 Hz 振幅谱时间切片)

在北大年次盆中,该套储层以细砂岩为主,其碎屑岩组分中岩屑含量较高,燧石、碳酸盐岩等含量相对较低(图 4.23)。大多数砂岩孔隙度为 10%～25%,渗透率为 1～2 000 mD,储集性能良好。砂岩孔隙度随埋深加大而减小,埋深从 1 450 m 到 2 440 m,孔隙度由 27% 减小至 16% 左右,大约每增加 300 m 减少 3.3%。但深至 2 745 m,孔隙度不再继续减小,保持在 15% 左右。孔隙度与渗透率有很好相关性。

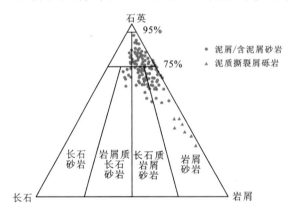

图 4.23　泰国湾盆地北大年次盆砂岩储层的碎屑组分特征

在北大年次盆中,深度小于 1 220 m 的砂岩具有大量原生粒间孔隙,但大于 2 440 m 的砂岩 60% 储集空间主要为次生孔隙。目前发现的气和凝析油,储集层埋藏深度为 1 370～1 745 m,岩性主要由粗-细粒的石英质砂岩组成。储层物性受成岩作用影响,孔隙度随深度的下降速率为 11%/km,北大年次盆的产层深度一般为 1 200～2 900 m,在 2 300 m 附近存在一个明显超压面(表 4.3)。

表 4.3　北大年次盆随深度变化的储集层特征

部位	深度/m	平均孔隙度/%	渗透率	孔喉	压力
浅部	916～1 980	21～27	高	16～25 μm	正常
中部	1 980～2 285	17～21	中	连续降低	顶部正常 底部超压
深部	2 285～3 050	<17	低	1.3～3 μm	超压

西部地堑区的该套储层特征与北大年次盆相似,储层孔隙度具有随埋深增加而明显下降的特征,以华欣次盆为例,1 000 m 处测井孔隙度高达 25%～30%,而在 2 700 m 处孔隙度迅速下降至 12%。

3. 含油气系统特征

泰国湾盆地存在两个主要的含油气系统,分别为以中中新统煤系地层为烃源岩的含油气系统(北大年次盆)和以上渐新统湖相泥岩为烃源岩的含油气系统(西部各次盆)。

1) 北大年次盆含油气系统

北大年次盆含油气系统的烃源岩为中中新统煤系碳质泥岩(图 4.24),腐殖型干酪根为主。由于地温梯度较高,该套烃源岩自中—晚中新世开始生油,在晚上新世进入生气窗,随后在中中新世形成的断块或断背斜圈闭中充注成藏。尽管盆地内构造多为断层所复杂化,但由于区域性盖层的良好封盖作用,保存条件较好,在北大年次盆形成了大量的油气藏。

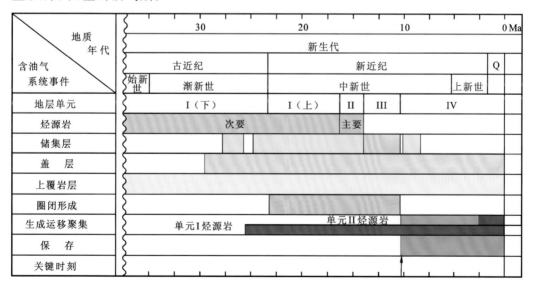

图 4.24　泰国湾盆地北大年次盆含油气系统示意图

　　在北大年次盆中,还有一套以渐新统为潜在烃源岩的含油气系统。这套烃源岩推测主要为湖泊或沼泽相泥岩,有机质丰度差到中等,由于埋深较大,可能也以生气为主。目前,在北大年次盆深部,至少有 4 000 m 厚的渐新统尚未钻遇,推测具备较大的生烃潜力。

2) 西部各次盆含油气系统

　　西部各次盆含油气系统主力烃源岩为一套富含有机质的上渐新统湖相泥岩(图 4.25),以生油为主,自早中新世开始进入成熟门限,至今仍多数处于生油窗之内。同时,各次盆之间隆起区存在的二叠系碳酸盐岩,在晚三叠世印支运动的作用下,长期出露地表,裂缝发育,储集性能较好,并且处于油气运移有利指向区。西部各次盆的二叠系成藏模式属于旁生侧储型,上渐新统湖相泥岩生成的原油,沿两侧断阶带,向高部位二叠系碳酸盐岩储层中运移,并聚集成藏,目前该含油气系统已经在春蓬次盆和宋卡次盆得到钻探证实。

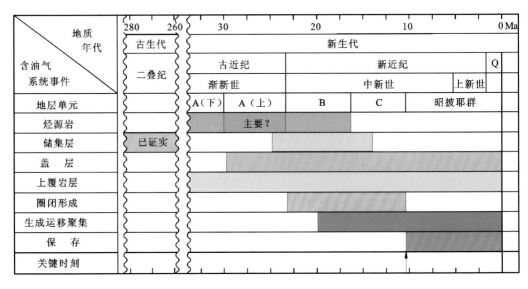

图 4.25　泰国湾盆地春蓬/宋卡次盆含油气系统示意图

4.2.3　盆地勘探潜力及方向

　　目前,泰国湾盆地的油气勘探开发主要集中在海域,已发现油气田 75 个,其中气田 32 个,全部位于北大年次盆。油田 43 个,北大年次盆有 21 个,其余 22 个油田分布于盆地西部地堑区的各次盆内,多为小型油田。总体上,泰国湾盆地海域勘探程度较低,仅北大年次盆的中南部勘探程度相对较高。

泰国湾盆地油气资源较丰富,其液态油和天然气探明可采储量分别为 0.03×10^8 t 和 $6\,229.74 \times 10^8$ m³。据 USGS(2011)评价结果,泰国湾盆地液态油和天然气待发现资源量分别为 0.03×10^8 t 和 $4\,813.89 \times 10^8$ m³,整个盆地探明率仅 50%,仍具有良好的油气勘探前景。

泰国湾盆地北大年次盆含油气系统证实,目前油气发现主要集中在勘探程度较高的中南部地区。东北部地区约占该次盆面积 1/3 的部分位于泰柬争议海域,未进行勘探。研究认为,东北部地区具备和中南部成熟区相同的油气成藏条件,具有发现大中型油气田的良好前景,是盆地未来主要储量接替区。北大年次盆西南部地区尽管勘探程度相对较高,但该区属于复杂断块发育区,从复杂断块构造油气藏的勘探规律来看,精细勘探仍具备很好的勘探前景,未来发现将以中小型油气田为主。

西部地堑区主要包括宋卡次盆、那空次盆、春蓬次盆、克拉次盆等 10 个次盆,目前获得了一些油气发现,虽然规模较小,但石油地质条件得到了证实,勘探程度并不高,通过开展烃源岩的精细评价,紧紧围绕有利生烃凹陷进行勘探,仍有望获得较好的油气发现。

第 5 章

被动大陆边缘盆地石油地质特征及勘探潜力

被动大陆边缘盆地通常具有良好的生储盖条件和丰富的油气资源。澳大利亚西北部、南部及东部海上盆地现今均为典型的被动大陆边缘盆地，均经历了典型被动大陆边缘的克拉通断拗期、裂谷期、漂移期三期构造演化阶段，克拉通断拗期和裂谷期是盆地的烃源岩和储盖组合发育的主要时期。本章以澳大利亚西北部北卡那封盆地和南缘大澳湾盆地为例，解析被动大陆边缘盆地的构造、沉积、成藏条件、成藏主控因素及有利勘探区带。

5.1　北卡那封盆地

北卡那封(North Carnarvon)盆地位于澳大利亚西北部,是一个自晚古生代—新生代持续沉降形成的巨型含油气盆地,面积 22×10⁴ km²(图 5.1)。盆地油气勘探始于 20 世纪 40 年代,1956 年钻探第一口探井 Rough Range-1,在 1 100 m 深处见油,这是西澳大利亚州第一口获得油流的探井(冯杨伟 等,2011)。1964 年在巴罗(Barrow)岛侏罗系的构造高点获得重大发现,巴罗岛油田是北卡那封盆地最大的在产油田。1971~1981 年沿着兰金构造带发现了北兰金(North Rankin)、古德温(Goodwyn)、高庚(Gorgon)等一系列大型油气田,1979 年又在海上的埃克斯茅斯(Exmouth)隆起发现了斯卡伯勒(Scarborough)大气田(张健球 等,2008)。

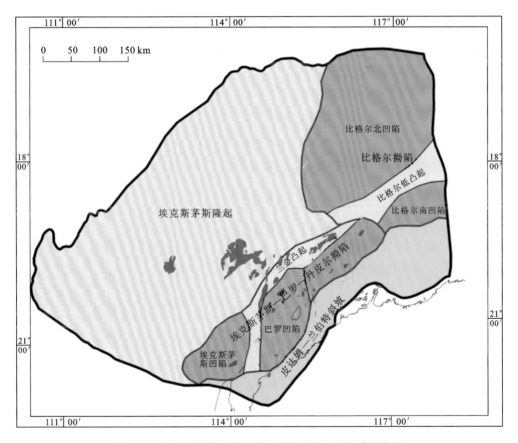

图 5.1　北卡那封盆地构造单元划分及主要油气藏分布图

截至 2015 年底北卡那封盆地共钻探井 2 350 口,发现了 281 个油气藏,探明天然气储量 65 129.10×10⁸ m³,石油储量 0.04×10⁸ t,凝析油储量 0.06×10⁸ t(IHS,

2015)。海上最大的气田为詹森斯(Jansz)气田，可采储量为 $5663.4×10^8$ m^3，最大的油田为瓦纳亚(Wanaea)油田，可采储量为 $0.39×10^8$ t。

5.1.1　盆地构造及沉积演化

1. 构造单元划分

北卡那封盆地走向主要为北东，从东南到西北，盆地可以划分为斜坡带[皮达姆(Peedamullah)-兰伯特(Lambert)斜坡]、拗陷带[埃克斯茅斯-巴罗-丹皮尔(Dampier)拗陷和比格尔(Beagle)拗陷]和隆起带(埃克斯茅斯隆起)(图5.1)。

埃克斯茅斯—巴罗—丹皮尔拗陷包括埃克斯茅斯凹陷、巴罗凹陷、丹皮尔凹陷和兰金凸起四个二级构造单元。整体处于北卡那封盆地的东南部，东部和南部紧邻皮达姆-兰伯特斜坡，西北与埃克斯茅斯隆起相接，东北部为比格尔拗陷，整体呈北东向展布，属双断窄条型拗陷，面积约 $4.2×10^4$ km^2，拗陷内沉积了厚达 6 000 m 的侏罗系。比格尔拗陷处于盆地的东北端，北东走向，面积约 $7.44×10^4$ km^2。拗陷内北东向和北北东向断裂发育，其中北北东向断裂分布在拗陷的北部，北东向断裂主要分布在拗陷的南部，区内背斜、断鼻和断块构造较为发育。埃克斯茅斯隆起处于整个盆地的中北部，面积约 $19.2×10^4$ km^2，占整个盆地面积的近50%。整体表现为西高东低，区内断层发育，走向有北东向、北东东向和近南北向三组，以近南北向断裂为主，这类断裂主要分布在隆起的西部，北东向、北北东向断层主要分布在隆起的东南部。埃克斯茅斯隆起断块构造较为发育，多沿近南北向断层分布。皮达姆-兰伯特斜坡处于盆地的东南部，为一东南高西北低的斜坡，面积约 $3.51×10^4$ km^2，构造简单。

2. 构造演化特征

北卡那封盆地走向大致与西北陆架的展布方向平行，盆地演化与冈瓦纳大陆的裂陷构造发展密切关联，可以划分为克拉通断拗期、裂谷期和漂移期三期构造演化阶段(图5.2)。

1) 克拉通断拗期(古生代晚期—三叠纪)

中-晚泥盆世(375～350 Ma)，特提斯洋边缘的华南和华北板块发生裂解，产生北东—南西向拉张的皮尔巴运动，此时西澳超级盆地初具雏形。中石炭世，盘古大陆形成，澳大利亚板块表现为整体抬升、剥蚀，澳大利亚内陆进入无沉积期，整体表现为区域地层缺失。

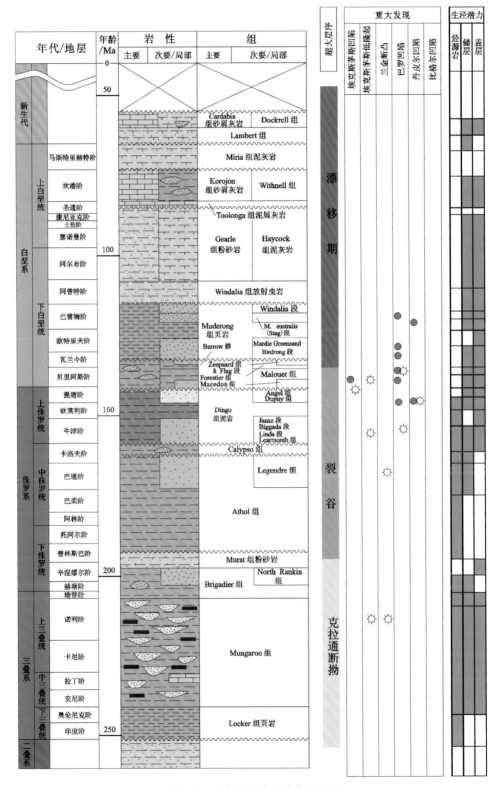

图 5.2　北卡那封盆地综合柱状图

晚石炭世—早二叠世（318～270 Ma），羌塘地块与中缅马苏地块开始漂移，新特提斯洋开始扩张，应力方向转变为北西—南东方向拉张，澳大利亚板块进入盆地活跃期。在西北陆架，受边缘板块拉张的影响，形成古生代裂陷，西澳超级盆地基本形成（Acharyya，1998）。

晚二叠世—三叠纪（260～200 Ma），西澳超级盆地为裂后热沉降的克拉通边缘盆地。该时期澳大利亚西北陆架地区西部边缘为西缅地块、拉萨地块形成的局部隆起，推测为一系列岛屿；东部为皮尔巴拉地盾等古老地体，为主要物源区，北卡那封盆地在上述隆起之间发生稳定的热沉降拗陷，接受巨厚三角洲相为主的沉积。

总之，古生代晚期—三叠纪是西澳超级盆地形成阶段，经历了两期裂陷和两期裂后热沉降拗陷，整体热沉降阶段占主导地位。

2）裂谷期（三叠纪末—早白垩世）

三叠纪末—早白垩世中期（200～125 Ma），由于冈瓦纳古陆快速分离作用的影响，拉萨地块、西缅 I、II、III 地块和印度板块自北向南与澳大利亚板块依次裂解，西北澳大利亚大陆边缘整体转入裂陷活跃期，北卡那封盆地形成了一系列北东向展布的裂谷。

晚三叠世诺利阶拉萨地块从西北陆架边缘裂离，因其板块位置位于印度板块和北卡那封盆地埃克斯茅斯隆起边缘，其影响主要集中于埃克斯茅斯隆起边缘和比格尔拗陷北部，表现为破裂不整合，形成半地堑，上三叠统 Brigadier 组超覆沉积于半地堑中。

早侏罗世普林斯巴阶西缅 I 地块、晚侏罗世初牛津阶西缅 II 地块、晚侏罗世末提塘阶西缅 III 地块、早白垩世早期瓦兰今阶印度板块分别从西北陆架边缘裂离。这四次板块裂离中牛津阶和瓦兰今阶裂离使西北陆架发生了两次重要的裂解作用，形成一系列北东向裂谷。在北卡那封盆地的埃克斯茅斯-巴罗-丹皮尔拗陷发育一系列凹陷和凸起，成雁列式排列，盆地下-中侏罗统主要分布于这些拗陷中（Audley，1988）。

3）漂移期（晚白垩世—现今）

晚白垩世裂谷作用结束，北卡那封盆地进入了构造稳定发育的漂移期。始新世晚期—渐新世（43～21 Ma），澳大利亚板块与欧亚板块碰撞，但盆地受到影响较小。中新世（21～5 Ma），随着与欧亚板块碰撞作用的加强，西北陆架各盆地受右旋挤压作用发生反转。

3. 地层特征

已钻井揭示北卡那封盆地沉积了二叠纪—新生代的地层（图 5.2），三叠系厚度巨大，分布稳定，侏罗系分布局限，特别是上侏罗统，集中分布在埃克斯茅斯-巴罗-丹皮尔拗陷,盆地内的其他构造单元缺失该套沉积。

1) 二叠系

钻井揭示南卡那封盆地二叠系发育较为完整,下部为高含化石的页岩和石灰岩,上覆为互层的砂岩、少量页岩和煤。在北卡那封盆地,目前已知有四口井钻遇二叠系,均位于皮达姆-兰伯特斜坡。这四口井靠近物源方向,二叠系整体以砂岩为主,砂岩物性较好,孔隙度基本介于 15% ~ 25%,平均为 20% 左右。但这四口井仍然发育有薄层页岩、泥岩和煤层,为一套潜在的烃源岩,二叠系的埋深在北卡那封盆地大部分地区超过了 5 km。

2) 三叠系

北卡那封盆地三叠系沉积序列上表现为一个完整的沉积旋回,下三叠统为一套海进层系,中三叠统为一套海退层系,上三叠统为一套海岸上超层系。下三叠统 Locker 组是在海侵条件下沉积的海相页岩,不整合于二叠系之上。中三叠统在局部地区发育了一套 Cossigny 组灰岩,远离物源区分布更为广泛,多口井钻遇。

中-上三叠统 Mungaroo 组为一套河流、三角洲-边缘海相砂、泥岩沉积,三角洲沉积体系向西北方向进积,覆盖了北卡那封盆地的海上大部分(李丹 等,2013)。Mungaroo 组砂岩是整个盆地最主要的储集层之一,分布广泛,厚度大(图 5.3)。地层最厚处位于埃克斯茅斯隆起,平均超过 4 km,但是自西南向东北有逐渐减薄的趋势,同时由海向陆方向也有逐渐减薄的特征,由海向陆的减薄推测是由于陆上三叠系后期长期遭受剥蚀所致(图 5.4)。Mungaroo 组同时也是盆地重要的烃源岩,埃克斯茅斯隆起已发现的大型气田的天然气主要来源于此套烃源岩。Mungaroo 组形成了自生自储自盖的生储盖组合,在北卡那封盆地已发现的 11 个大型气田和特大型气田中,7 个产出层位为中-上三叠统的 Mungaroo 组,显示 Mungaroo 组勘探潜力巨大。

3) 侏罗系

受裂陷作用的影响,盆地侏罗系厚度分布不均一,与二叠系、三叠系及新生界其他层系的分布形成了鲜明的对比。侏罗系的厚度中心位于巴罗-丹皮尔拗陷和比格尔拗陷,最大厚度超过 6 km,在构造较高部位地层缺失,比如兰金凸起(图 5.5)。早侏罗世时期沉积了海侵 Brigadier 组,包括薄层海相粉砂岩、泥岩和泥灰岩,不整合于下覆三叠系 Mungaroo 组之上。同时期沿兰金凸起的一些地垒断块上沉积了一套河流相砂岩与边缘海泥岩的互层组成的地层,这套薄层的、储集性能好的砂岩被命名为 North Rankin 组。下-中侏罗统为 Athol 组局限海相泥岩沉积,同时期比格尔拗陷、丹皮尔凹陷发育了 Legendre 组三角洲相砂岩(Crostella and Barter,1980)。

上侏罗统海相 Dingo 组泥岩主要局限于埃克斯茅斯-巴罗-丹皮尔拗陷(图 5.6)。

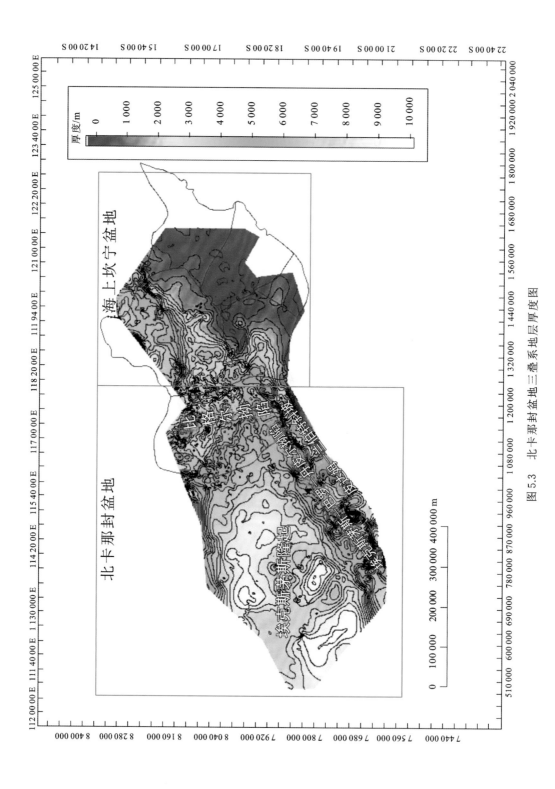

图 5.3　北卡那封盆地三叠系地层厚度图

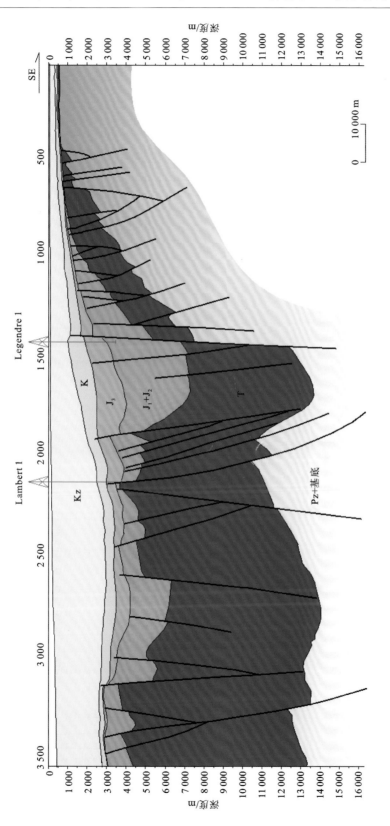

图 5.4　北卡那封盆地结构剖面图

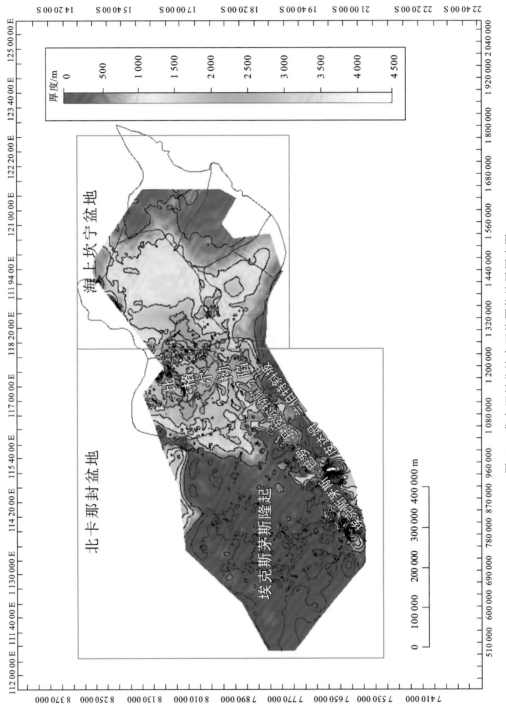

图 5.5 北卡那封盆地中下侏罗统地层厚度图

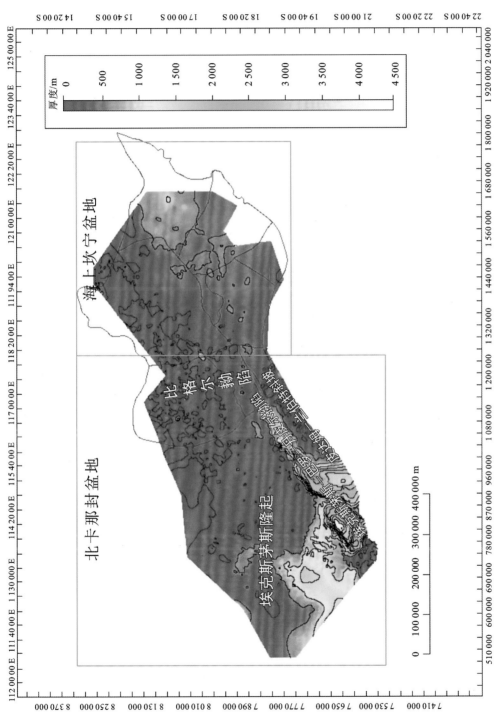

图 5.6　北卡那封盆地卡洛夫阶—凡兰吟阶地层厚度图

4）白垩系

白垩系分布广泛，厚度较薄，一般不超过 2 km。早白垩世，大型的巴罗三角洲沉积体系在巴罗凹陷发育。随后全盆范围开始海侵，沉积了 Muderong 组页岩、Windalia 组放射虫岩和 Haycock 组泥灰岩，Muderong 组为一套区域盖层。在晚白垩世，盆地总体变浅，细粒碳酸盐岩逐渐过渡为泥质岩。

5）新生界

北卡那封盆地新生代沉积全区分布，地层较薄，主要以近滨碳酸盐岩沉积为主，包括泥质泥屑灰岩、泥屑灰岩等。

5.1.2　盆地油气地质特征

1. 烃源岩条件

北卡那封盆地发育五套烃源岩，自下至上依次是：下三叠统的 Locker 页岩（盆内广泛分布）、中-上三叠统的 Mungaroo 组泥岩夹薄煤层（盆内广泛分布）、下-中侏罗统的 Athol 组三角洲相泥岩及煤系（主要分布于丹皮尔凹陷-比格尔拗陷区域）、上侏罗统的 Dingo 组泥岩（主要分布于埃克斯茅斯—巴罗—丹皮尔凹陷带）和下白垩统 Muderong 页岩（全盆地分布）。但从已钻井资料来看下三叠统的 Locker 页岩有机质丰度低，下白垩统 Muderong 页岩未成熟，因此盆地的主要烃源岩为其他三套。

1）中-上三叠统的 Mungaroo 组

在整个三叠纪，南卡那封盆地及皮尔巴拉的陆上部分为北卡那封盆地 Mungaroo 组沉积提供了丰富的物源。中-晚三叠世时期发育的 Mungaroo 组为一套河流、三角洲-边缘海相砂、泥岩沉积，河控三角洲沉积体系向西北方向进积，覆盖了北卡那封盆地的大部分海上区域。

Mungaroo 组发育薄煤层、碳质泥岩以及富含陆源有机质泥岩，通过有机质显微分析认为，相较于薄煤层和碳质泥岩，此套烃源岩中富含陆源有机质泥岩生烃潜力巨大。从暗色泥岩的有机碳含量和生烃潜力平面上可以看出，以 Scarborough 气田和 Jansz 气田为中心，向周围放射状递减，尤其是埃克斯茅斯隆起和兰金凸起，有机质丰度最高（图 5.7）。从生烃潜力和 TOC 有机质丰度综合评价图上也可以看出其在埃克斯茅斯隆起和兰金凸起有机质丰度最高，为优质的烃源岩（图 5.8）。在这两个区域发现了 Scarborough、Jansz、Geryon 等大型气田。

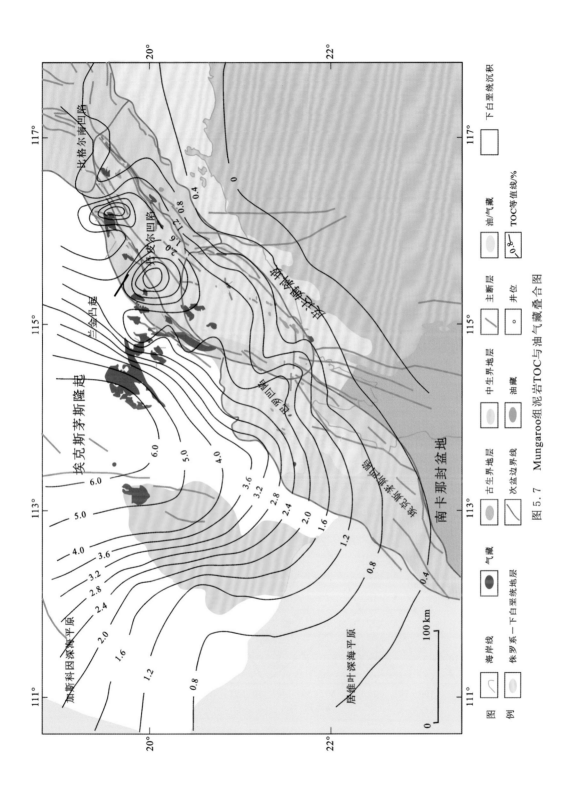

图 5.7　Mungaroo 组泥岩 TOC 与油气藏叠合图

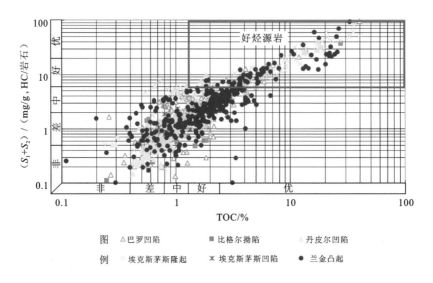

图 5.8　Mungaroo 组泥岩有机质丰度评价综合图

Mungaroo 组泥岩有机质类型为 II$_2$ 和 III 型（图 5.9），以生成天然气和凝析油为主。该套烃源岩成熟度在兰金凸起和埃克斯茅斯隆起从 3 000 m 开始进入成熟阶段，而在埃克斯茅斯凹陷和巴罗凹陷已经达到了高成熟–过成熟阶段（图 5.10）。

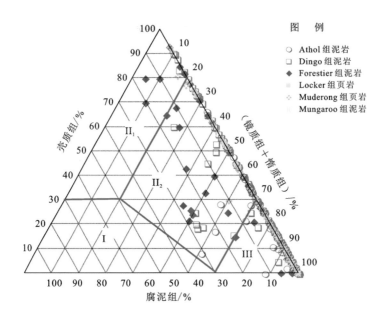

图 5.9　北卡那封盆地烃源岩干酪根显微组分三角图

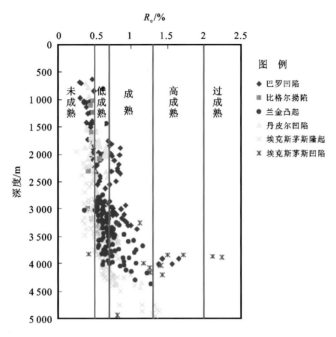

图 5.10　北卡那封盆地 Mungaroo 组泥岩 R_o 与深度关系图

2）中-下侏罗统 Athol 组

北卡那封盆地中-下侏罗统 Athol 组泥岩厚度分布不均,在巴罗-丹皮尔拗陷地层厚度超过 6 000 m,而在兰金凸起地层缺失。Athol 组泥岩形成于海相-三角洲相沉积环境,在丹皮尔、比格尔和巴罗凹陷有机质丰度最高,而向两侧隆起有机质丰度逐渐降低,从 TOC 平面分布图中可以看出这一现象(图 5.11)。Athol 组泥岩有机质类型为 II_2 和 III 型,以生成天然气和凝析油为主(图 5.9)。Athol 组泥岩除了在 Beagel 拗陷东南部有一部分处于未成熟阶段,在其他区域均处于成熟阶段,在埃克斯茅斯凹陷 3 800 m 达到了高成熟阶段,在巴罗凹陷 4 200 m 进入过成熟阶段(图 5.12)。

3）上侏罗统 Dingo 组

上侏罗统 Dingo 组泥岩为侏罗系裂陷内发育的海相泥岩,主要分布在巴罗、丹皮尔和埃克斯茅斯凹陷,其他构造单元缺失。Dingo 泥岩有机碳含量分布范围为 $0.4\% \sim 3.38\%$,平均值为 1.41%,生烃潜力分布范围为 $0.46 \sim 10.69$ mg/g,平均值为 3 mg/g(图 5.13)。Dingo 组为局限海相沉积的深灰色泥岩,有机质类型为 II 型(图 5.9),偏生油,目前处于早成熟—成熟生油阶段。盆地内已发现的液态石油大部分源于该套烃源岩,成熟区域位于巴罗-埃克斯茅斯凹陷。

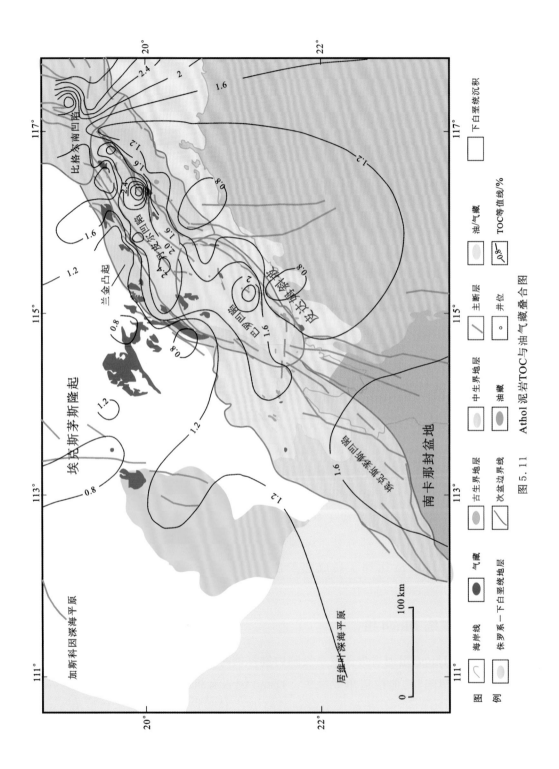

图 5.11 Athol 泥岩 TOC 与油气藏叠合图

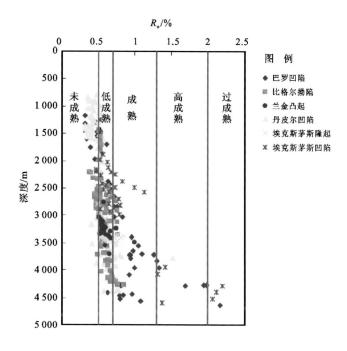

图 5.12　北卡那封盆地 Athol 组泥岩 R_o 与深度关系图

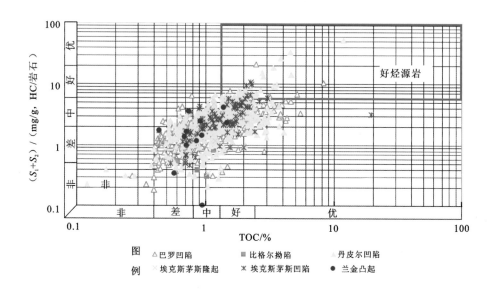

图 5.13　北卡那封盆地 Dingo 泥岩有机质丰度评价综合图

2. 储盖条件

1) 三叠系储盖组合

中-上三叠统 Mungaroo 组浅水辫状河三角洲相砂岩遍及全盆地,为盆地主要储集层系。Mungaroo 组为砂岩、泥岩和粉砂岩互层,形成了自生自储自盖的生储盖组合,在埃克斯茅斯隆起和兰金凸起发育最厚(冯杨伟 等,2010)。在盆地中已发现的 14 个大型气田中,有 10 个气田的主要储层为中-上三叠统 Mungaroo 组(表 5.1)。

表 5.1　北卡那封盆地 Mungaroo 组储层已发现大气田分布表

气田	凝析油 /MMbbl	天然气 /TCF	油气田 类型	油气藏类型	油气田 规模	构造单元
North Rankin	203	12.28	Gas/Cnd	构造-地层	特大型	兰金凸起
Jansz	—	20.0	Gas	构造	特大型	埃克斯茅斯隆起
Io	—	3.0	Gas	构造	大型	埃克斯茅斯隆起
Goodwyn	358	7.02	Gas/Cnd	构造	大型	兰金凸起
Pluto	50	4.62	Gas/Cnd	构造	大型	埃克斯茅斯隆起
Wheatstone	26	3.97	Gas/Cnd	构造	大型	埃克斯茅斯隆起
Geryon	8.81	3.30	Gas/Cnd	构造	大型	埃克斯茅斯隆起
Clio	20	3.16	Gas	构造	大型	埃克斯茅斯隆起
Orthrus	—	3.0	Gas	构造	大型	埃克斯茅斯隆起
Gorgon	43.46	7.82	Gas/Cnd	构造-地层	特大型	兰金凸起

根据现有的岩心资料对 Mungaroo 组砂岩进行结构成熟度统计分析,结果表明该套砂岩结构成熟度低,中粗粒,分选差,磨圆度较低,主要为次圆状-棱角状(图 5.14)。该套砂岩物性较好,孔隙度最高可达 34%,渗透率最高可达 7D(张建球等,2008),其孔隙度随着深度的增加而逐渐减小,特别是到 5 000 m 以下,孔隙度减小到 10%左右,渗透率减小到 5 mD,下降速度很快(图 5.15)。其原因是海绿石是 Mungaroo 组砂岩的重要组分,而海绿石砂岩比净砂岩容易压实,因此孔隙度和渗透率随埋深更容易降低,可能也有其他成岩作用的影响。Mungaroo 组三角洲沉积相可

图 5.14　North Gorgon, 13 494.9～3 606.7 m, 中–上三叠统 Mungaroo 组辫状河水道多期叠加黄色未成熟砂岩

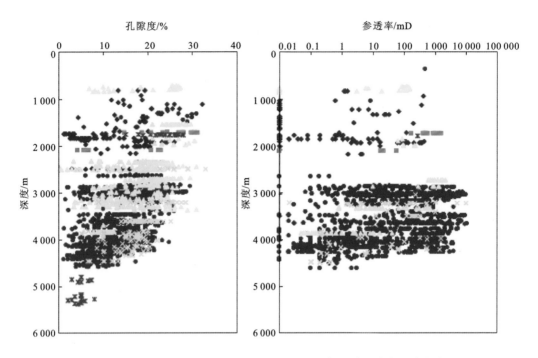

图 5.15　北卡那封盆地 Mungaroo 组砂岩岩心孔隙度、渗透率与深度交会图

划分为四个亚相：近端三角洲平原、远端三角洲平原、三角洲前缘和前三角洲。其中近端三角洲平原和远端三角洲平原均发育中粗粒分支流河道砂，分选差，磨圆度低，可见孔隙发育；三角洲前缘亚相砂体具有分选好，粒度细，磨圆度中等特点，钙质胶结作用强，原生孔隙不发育。

　　Mungaroo 组三角洲远端平原相带中富薄煤层分支流间湾泥岩是盆地内生烃潜力最大的烃源岩。纵向上叠置厚度大、含砂率高的近、远端三角洲平原分支流水道砂岩及三角洲前缘砂体，是盆地内十分重要的储集层，两者在纵向上反复叠置频繁互层，加之可作为局部封盖层的前三角洲泥岩，使得北卡那封盆地形成良好的三叠系自生自储式的生储盖组合。

2) 侏罗系储盖组合

　　北卡那封盆地侏罗系储层具有多套，自下而上依次为 Legendre 组、Learmonth 组和 Dupuy 组/Angel 组。整体来看，储层孔隙度范围为 1％～40％，平均值为 17％左右，渗透率值变化范围较大，0.01～2 000 mD 均有分布（表 5.2）。侏罗系储层分布受沉积环境的控制，不同凹陷主要储层的分布不同。

表 5.2　北卡那封盆地侏罗系储集层孔渗集中分布范围表

储层	层位	构造单元	孔隙度集中分布范围/%	渗透率集中分布范围/mD	评价分类
Dupuy 组/ Angel 组	J_3	兰金凸起	21	0.5	低孔低渗
		丹皮尔凹陷	17~20	200~400	中孔中渗
		比格尔拗陷	24~26	—	高孔
		巴罗凹陷	18~20	5~20	中孔中渗
		埃克斯茅斯凹陷	33~37	2000	高孔高渗
Learmonth 组	J_3	兰金凸起	21~23	2000~3000	高孔高渗
		丹皮尔凹陷	10,15	0.01	中孔特低渗
		巴罗凹陷	10	0.01	低孔特低渗
		埃克斯茅斯隆起	21~23	30	高孔中渗
		丹皮尔凹陷	15~19	0.01	中孔特低渗
		巴罗凹陷	9~11	0.1	中孔特低渗
Legendre 组	J_2	兰金凸起	21~24	0.5	高孔低渗
		丹皮尔凹陷	20~22	200	高孔中渗
		比格尔拗陷	12~15	200~300	中孔中渗

在兰金凸起,中侏罗统 Legendre 组三角洲相砂岩是重要的储层,Perseus 大型凝析油气田的主力勘探层系为该套储层,大部分样品孔隙度分布在 21%~24%,渗透率分布在 0.5 mD(表 5.2)。

在埃克斯茅斯隆起,上侏罗统下部 Biggada 组滨岸砂是其重要的储集层,位于此隆起的 Chandon-1 和 Jansz 气田的储层主要为该套砂岩。大部分样品孔隙度分布在 21%~23%,渗透率分布在 30 mD,物性条件好(表 5.2)。

在丹皮尔凹陷,主要储层为上侏罗统上部的 Dupuy 组/Angel 组近岸水下扇砂岩,在该套储层中发现了 Wanaea 大油田,大部分样品孔隙度集中分布在 17%~20%,渗透率集中分布在 200~400 mD,物性条件好。

北卡那封盆地侏罗系储层的盖层除了其上覆的下白垩统 Munderong 组页岩这套区域性盖层之外,还发育层间泥岩盖层,与侏罗系储层组成自储自盖或下储上盖的储盖组合。

3) 白垩系储盖组合

北卡那封盆地白垩系储层为下白垩统 Barrow 群的三角洲相与深水沉积砂岩,主要分布在丹皮尔凹陷、巴罗凹陷以及埃克斯茅斯隆起的南部。该套储层砂体物性较好,孔隙度和渗透率均较高,在 2 000~3 000 m 存在一个次生孔隙带,渗透率与孔隙度有相同的特征(图 5.16)。Barrow 群砂岩上覆的下白垩统 Muderong 页岩是白垩系储层良好的区域性盖层。

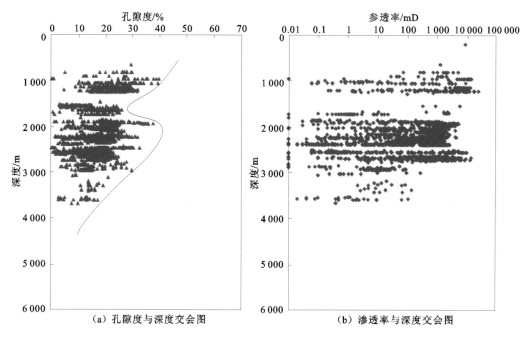

图 5.16　北卡那封盆地 Barrow 群砂岩孔隙度和渗透率与深度交会图

白垩系除了 Barrow 群砂岩,在巴罗岛油气田中还发育 Windalia 组砂岩段,但分布局限,仅在巴罗岛有分布。Windalia 组砂岩段厚度为 30～35 m,随颗粒大小、黏土及自生矿物的不同,其储集性能变化较大,孔隙度为 20%～32%,渗透率最大可达 70 mD。

3. 圈闭条件

北卡那封盆地发育多种类型的圈闭,主要包括背斜圈闭、断块圈闭、地层圈闭及复合型圈闭等,其中背斜圈闭包括长轴背斜圈闭、短轴背斜圈闭、等轴背斜圈闭、滚动背斜圈闭、披覆背斜圈闭五个亚类;断块圈闭包括屋脊式断块圈闭、断鼻式圈闭、地垒断块圈闭三个亚类;地层型圈闭主要包括不整合遮挡圈闭、地层尖灭圈闭两个亚类;而复合型圈闭主要为构造-不整合型圈闭(表 5.3)。总的来说,北卡那封盆地圈闭类型丰富,每一种圈闭类型都有一个或两个以上的大型气田为代表,在已发现的油气中,埃克斯茅斯隆起大部分储量来自不整合和岩性圈闭,而兰金凸起大部分储量来自构造圈闭(图 5.17)。

表 5.3 北卡那封盆地主要圈闭类型表

圈闭类型	亚类	实例	示意图
背斜	长轴背斜油气藏	Roller	
	短轴背斜油气藏	Angel	
	等轴背斜油气藏	Spar	
	滚动背斜油气藏	Lambert	
	披覆背斜油气藏	Angel	
断块	屋脊式断块油气藏	Dixon	
	断鼻构造油气藏	Legendre	
	地垒断块油气藏	North Rankin	
地层型	不整合遮挡油气藏	Rankin	
	地层尖灭油气藏	Mutineer	
复合型	构造-不整合油气藏	Goodwyn	

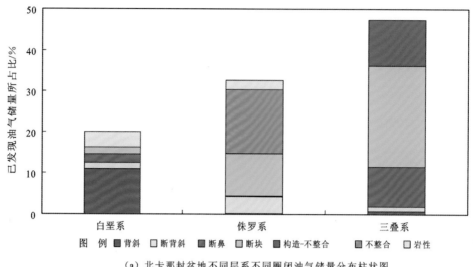

（a）北卡那封盆地不同层系不同圈闭油气储量分布柱状图

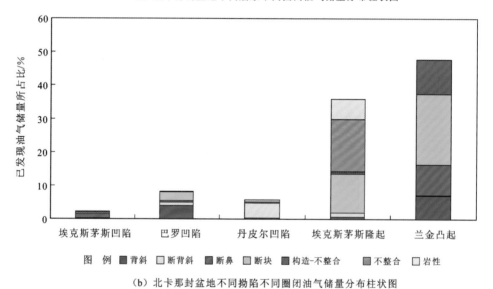

（b）北卡那封盆地不同拗陷不同圈闭油气储量分布柱状图

图 5.17 北卡那封盆地油气储量分布柱状图

背斜圈闭在北卡那封盆地内均有分布,但主要发育在巴罗凹陷,圈闭主要沿巴罗岛区域背斜带;断块圈闭是盆地内最常见的圈闭,在巴罗-丹皮尔凹陷,圈闭依附断层,沿着断层带分布,在兰金凸起主要为三叠系断块圈闭;地层型圈闭主要分布在巴罗-丹皮尔凹陷及埃克斯茅斯隆起;构造-不整合型圈闭在兰金凸起、埃克斯茅斯凹陷、埃克斯茅斯隆起及丹皮尔凹陷均有分布,但在兰金凸起上分布最多,另外在巴罗凹陷也有地层-构造型复合圈闭。

平面上,北卡那封盆地可以划分为四个圈闭带,分别为巴罗-丹皮尔凹陷构造-岩性圈闭带、兰金凸起构造-地层圈闭带、埃克斯茅斯隆起构造-岩性圈闭带和 Wombat 隆起巨型背斜圈闭带。

巴罗-丹皮尔凹陷构造-岩性圈闭带和兰金凸起构造-地层圈闭带勘探程度高,大部分油气田已经开发。埃克斯茅斯隆起构造-岩性圈闭带三叠系圈闭以断块类型为主、上侏罗统—下白垩统发育背斜圈闭和岩性圈闭,主要构造带已钻探,剩余圈闭小,规模有限。Wombat 隆起巨型背斜圈闭带上覆盖层较薄,沟通海底,保存条件风险较大。

4. 油气生成及运移

1) 油气生成

北卡那封盆地中上三叠统 Mungaroo 组在埃克斯茅斯隆起厚度最大,其在晚三叠世—中侏罗世达到生烃门限,目前处于高成熟生气阶段。通过油气源对比研究,兰金和古德温气田地区的油气与三叠系烃源岩具有亲缘关系,兰金凸起及外侧发现的大型气田均来源于此套烃源岩。张建球等(2008)在研究北卡那封盆地含油气系统时认为埃克斯茅斯隆起处于活跃区,生烃早,在晚三叠世开始生烃,目前仍处于生油窗。

侏罗系烃源岩主要分布于巴罗凹陷和丹皮尔凹陷,两凹陷侏罗系上部沉积了较厚的下白垩统 Barrow 群,厚度达 1 600 m,加速了油气的生成。侏罗系烃源岩从早白垩世开始生成大量的油气,目前仍处于生油窗。

2) 油气运移

北卡那封盆地兰金凸起和埃克斯茅斯隆起油气以垂向运移为主,侧向运移为辅。埃克斯茅斯隆起和兰金凸起烃源岩以三叠系为主,生排烃主要时期是晚三叠世—中侏罗世,该时期,兰金凸起和埃克斯茅斯隆起断层发育,可作为三叠系烃源岩油气垂向运移通道。同时还发育了多期次的不整合面,与渗透性砂体一道为油气侧向运移提供条件(图 5.4)。

埃克斯茅斯凹陷、巴罗凹陷和丹皮尔凹陷内侏罗系和白垩系中断层发育较少,早-中白垩世到现今又是凹陷油气主要生排烃期,生成的油气垂向运移受阻,导致这几个凹陷存在异常高压现象。侏罗系和白垩系生成的油气主要以多期次的不整合面和砂岩为输导,向周围高部位隆起区发生侧向运移,埃克斯茅斯凹陷生成的油气向南部高部位 Ningaboo 隆起方向运移,巴罗凹陷生成的油气向其西部 Alpha 穹窿、兰金凸起和南部的隆起运移,形成了北卡那封盆地隆起带的油气富集。

3）圈闭形成期及油气聚集

在兰金凸起和埃克斯茅斯隆起，圈闭形成时间主要在晚三叠世、中-晚侏罗世及早-晚白垩世。三叠系烃源岩在晚三叠世开始生烃，一直延续到现今，与圈闭形成期匹配良好。兰金凸起和埃克斯茅斯隆起有两次大的油气充注事件，一次在晚三叠世—早侏罗世，三叠系烃源岩生成的油气进入到晚三叠世形成的圈闭中；另一次在晚白垩世—现今，三叠系和侏罗系烃源岩生成的油气进入到盆地已形成的圈闭中。成藏关键时刻是早白垩世和古新世，属于晚期成藏。

巴罗凹陷、埃克斯茅斯凹陷和丹皮尔凹陷，圈闭形成期也主要在晚三叠世、中-晚侏罗世及早-晚白垩世。这几个凹陷烃源岩主要为侏罗系海相泥页岩，从早白垩世开始生烃，一直持续到现今，有两次大的充注事件，一次在晚侏罗世—早白垩世，另一次在中新世。成藏的关键时刻在渐新世，相对于兰金凸起和埃克斯茅斯隆起属于更晚期的成藏。

4）保存条件

天然气藏对保存条件要求苛刻，北卡那封盆地油气成藏之后，由于有一套分布稳定的下白垩统海相厚层泥岩作为区域性盖层，总体保存条件较好，但局部也存在保存条件变差和后期油气藏的破坏与改造。

（1）断层活动

北卡那封盆地经历了两次裂谷断陷发育期，形成了大量断层，并且活动时间很长。一些在三叠纪末形成的油气藏，受晚侏罗世—早白垩世伸展断裂作用的影响，通过断层有可能向上运移而进入侏罗系储层，形成次生油气藏或者逸散。

（2）抬升剥蚀作用

北卡那封盆地经历了多期的构造抬升，地层强烈剥蚀使得局部业已形成的油气藏遭到破坏。在兰金凸起，三叠系烃源岩在侏罗纪便进入主生排烃期和成藏期，但在晚侏罗世，由于兰金凸起抬升剥蚀，部分早期形成的油气藏被改造，甚至油气全部漏失或遭受严重的生物降解。

5. 成藏主控因素

截至 2015 年底，北卡那封盆地共发现了 281 个油气藏，探明石油储量 4.48×10^8 t，凝析油储量 6.35×10^8 t，天然气储量 $65\,129.1 \times 10^8$ m³。油气分布具有明显的分带性,已发现气藏主要位于大型构造隆起上,而油藏和油气藏主要位于盆地东部地堑拗陷带(图5.1)。盆地油气分布与烃源岩、三角洲沉积体系以及构造等三方面密切相关。

1)烃源岩差异性控制油气平面分布

北卡那封盆地油气分布明显受烃源岩性质及其分布的控制。上侏罗统 Dingo 组泥岩是一套倾油型烃源岩,盆地中已发现的石油主要来源于该套烃源岩,但其分布局限,主要集中在埃克斯茅斯-巴罗-丹皮尔拗陷,因此,目前盆地内已发现的油田均发育在该拗陷内(图5.18)。三叠系及下侏罗统烃源岩有机质类型以 III 型和 II_2 型为主,主要生成天然气和凝析油,因此,在以之为主要烃源岩的埃克斯茅斯隆起和兰金凸起带,已发现的大都为天然气和凝析油。

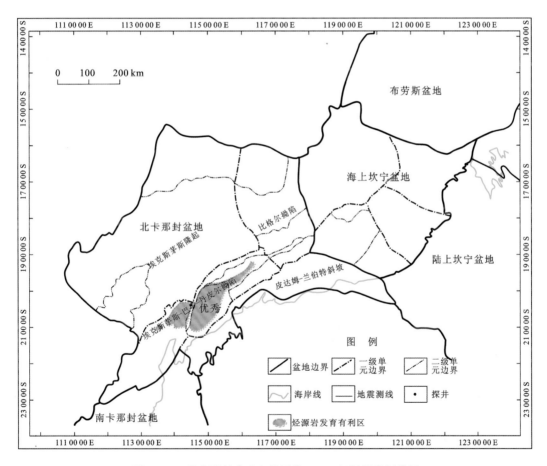

图 5.18　北卡那封盆地上侏罗统 Dingo 组烃源岩评价图

靠近生气中心的周缘隆升带,是天然气运移的重要指向,而且运移距离短,只要存在储盖与圈闭条件好的构造,就可以形成大中型气田。在埃克斯茅斯隆起的东部和兰金台地,已发现9个大气田,均得益于高效的气源供给和处于优势运移方向上。首先,埃克斯茅斯隆起和兰金凸起相对巴罗-丹皮尔拗陷,构造位置高;其次,作为主气源灶的巴罗-丹皮尔拗陷处于超压高势区,埃克斯茅斯隆起和兰金凸起处于低势区,因此,埃克斯茅斯隆起和兰金凸起就成为天然气最有利的运移方向,这也是两个构造带形成众多大气田的主要原因之一。同时埃克斯茅斯隆起和兰金凸起还紧邻侏罗系和三叠系生气中心,具有双向优势运移和供烃条件是其大规模聚集成藏的主要原因。

2) 三角洲沉积体系是油气富集区

北卡那封盆地发育的大型河流-三角洲体系控制了油气田的形成与分布。盆地从晚三叠世—早白垩世共发育四期三角洲,分别为晚三叠世的 Mungaroo 组三角洲、早-中侏罗世的 Legendre 组三角洲、晚侏罗世 Angel 组三角洲和早白垩世的 Barrow 群三角洲(图 5.19)。从已发现的大气田分布上可以看出,大气田与这几期三角洲密切相关,主要表现:①大型河流—三角洲体系不仅沉积厚度大,提供了以生成天然气和凝析油为主的陆源海相烃源岩,而且巨厚的沉积地层使其埋藏深,烃源岩普遍进入成熟-高成熟阶段(孙作兴 等,2012)。②大型河流—三角洲体系给大气田的形成提供了厚度大、孔渗条件好、分布广泛的有利储集体。③大型河流—三角洲体系由于沉积速率快,发育一系列同沉积断层,形成了众多规模不等的断块圈闭。在北卡那封盆地兰金凸起中-上三叠统 Mungaroo 组中,发育众多大型断块圈闭,其成藏条件好,形成了 Clio、Geryon、Pluto、Wheatstone、Gorgon 等大气田(汪焰和申本科,2012)。

3) 构造与大气田的形成密切相关

构造作用对大气田形成与分布的影响主要体现在两个方面。

一是古构造背景提供了大型圈闭,目前发现的大型油气田均是在大型构造带、古隆起和凹中隆的构造背景下形成的。如在北卡那封盆地,其大气田主要集中在埃克斯茅斯隆起和兰金凸起,主要原因是:①这些大型构造带、古隆起和凹中隆往往发育有规模较大、形成较早的继承性构造圈闭,圈闭的规模控制着油气藏的规模;②规模较大的凹中隆、古隆起带是天然气运移的有利指向区。埃克斯茅斯隆起和兰金凸起从晚三叠世至现今,一直是盆地内多套烃源岩层系和多个生烃凹陷所生成天然气的重要指向区,所以这两个构造带发现的大气田最多。

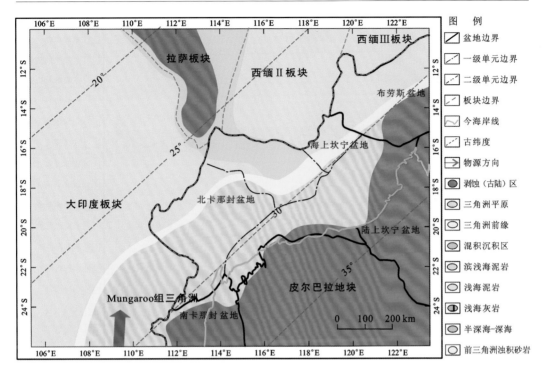

（a）晚三叠世

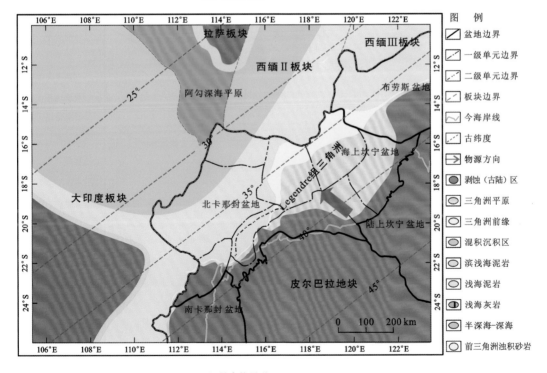

（b）早中侏罗世

图 5.19　西北陆架晚三叠世—早白垩世古地理概要图

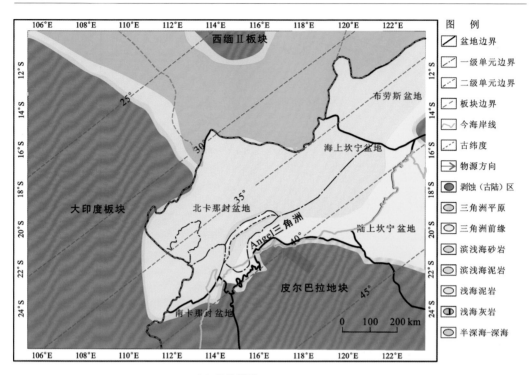

（c）晚侏罗世

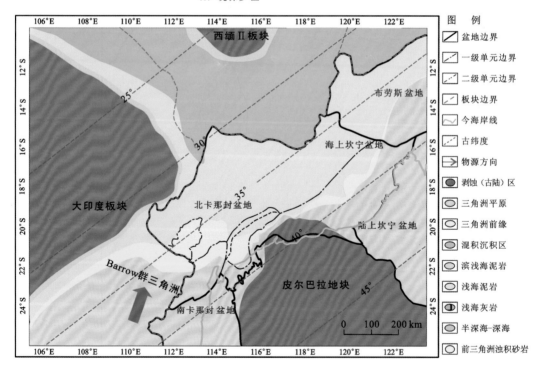

（d）早白垩世

图 5.19　西北陆架晚三叠世—早白垩世古地理概要图(续)

　　二是断层的发育为大气田成藏提供了良好的运移通道。深大断裂作为天然气垂向运移的通道,可以有效沟通气源岩和浅层圈闭与储层,聚集成藏,如北兰金气田(Beston,1986)(图 5.20);断层还可以与砂体或不整合面配置,构成良好的天然气复式运移通道,如高庚气田(图 5.21)。

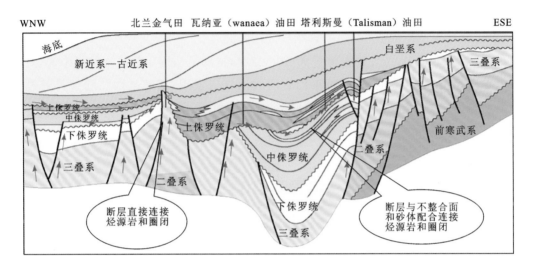

图 5.20　断层沟通烃源岩和浅部储集层两种模式图

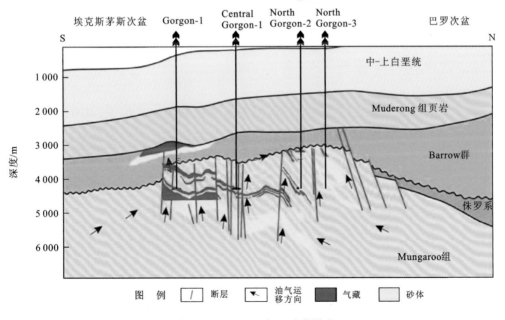

图 5.21　Gorgon 气田成藏模式

5.1.3　盆地勘探潜力及方向

1. 勘探潜力分析

截至 2008 年底,北卡那封盆地无论油、气产量均排在西北陆架三个富气盆地的首位,已累计生产原油 2.06×10^8 t,产气 $3\,709.53 \times 10^8$ m^3。北卡那封盆地石油地质条件好,油气发现多,待发现资源量大(图 5.22),特别是从逐年的油气发现来看,尽管该盆地已经历 50 余年勘探,但每年仍有新的油气田发现,依然是西北陆架具有勘探潜力的地区之一,尤其是天然气的勘探潜力(叶德燎 等,2004)。

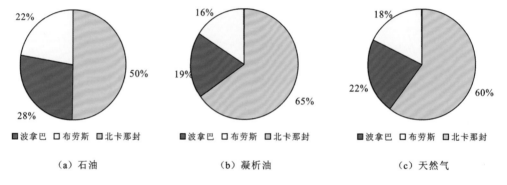

| | (a) 石油 | (b) 凝析油 | (c) 天然气 |

图 5.22　西北陆架三大富气盆地待发现资源量

2. 区带评价与优选

北卡那封盆地沉积地层由被动陆缘层序与克拉通层序所组成,具有叠合盆地的性质。被动陆缘层序主要为侏罗系裂谷期沉积与晚白垩世至今的漂移期沉积,克拉通层序主要为二叠系裂谷沉积及三叠系陆缘拗陷沉积。与之对应,盆地主要有二个含油气系统,分别是以被动陆缘裂谷期上侏罗统 Dingo 组泥岩为烃源岩的含油气系统,以及以克拉通断拗期 Mungaroo 组煤系地层为烃源岩的三叠系含油气系统。不同的含油气系统,其勘探潜力与方向明显不同。

巴罗凹陷、丹皮尔凹陷及埃克斯茅斯凹陷及周缘,主要是以侏罗系 Dingo 组泥岩为烃源岩的含油气系统。这些凹陷的西侧和东侧阶地,成藏条件较为优越,存在滚动背斜、断背斜、断块和断垒等多种类型圈闭,发育侏罗系、白垩系优质储集层,区域盖层是白垩系的 Munderong 组厚层泥岩,凹陷内生成的油气可以沿裂陷边界断层向上运移和聚集成藏。目前,凹陷两侧阶地虽然勘探程度较高,但针对一些复杂断块圈闭开展精细评价与勘探,仍可发现中小型油田。另外,在凹陷主体内,发育侏罗系近岸水下扇、盆底扇等深水沉积砂体,这些砂体位于烃源岩灶内,捕获油气得天独厚,应是该区未来寻找岩性油气藏的重要目标。总的来说,巴罗凹陷、丹皮尔凹陷、埃克斯茅斯凹陷及周缘,水深较浅,已有众多油气藏投入开发,管网条件好,开发成本低,具有较好的勘探开发前景。

北卡那封盆地三叠系,具有形成自生自储天然气藏的优越石油地质条件,是该区寻找大中型天然气藏最重要的勘探层系。特别是埃克斯茅斯隆起和兰金凸起,位于三叠系 Mungaroo 组煤系烃源岩的有机质富集中心,三叠系中上部的储层成岩作用适中,储层物性较好,与下白垩统区域泥岩盖层形成良好的储盖配置。由于勘探程度相对较低,是未来盆地天然气勘探的重要领域和方向。

5.2　大澳湾盆地

大澳湾盆地位于澳大利亚南缘海域,行政区域横跨西澳大利亚州和南澳大利亚州。水深从 200 m 到超过 5 000 m,大部分水深超过 500 m。盆地面积超过 80×10^4 km²,是世界上最大的未获得商业油气发现的海上盆地之一(图 5.23),属于前沿勘探领域。迄今,勘探活动大多位于水深小于 1 500 m 的海域,目前盆地仅有 9 口探井,其中仅有 1 口井有气显示。

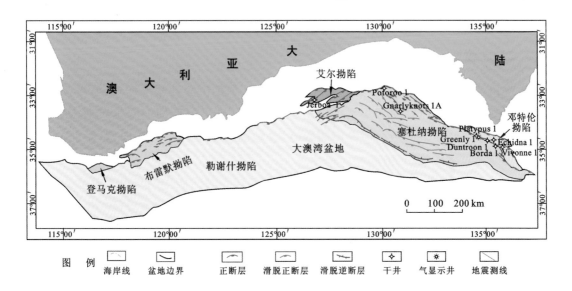

图 5.23　大澳湾盆地构造单元划分图

大澳湾盆地主要划分为 6 个一级构造单元(图 5.23),分别是塞杜纳(Ceduna)拗陷、邓特伦（Duntroon）拗陷、艾尔（Eyre）拗陷、布雷默（Bremer）拗陷、勒谢什（Recherche）拗陷与登马克（Denmark）拗陷。相比而言，艾尔、塞杜纳与邓特伦这三个拗陷具有较大勘探潜力。

5.2.1　盆地构造及沉积演化

1. 盆地构造演化

澳大利亚南缘海上盆地群的形成与冈瓦纳大陆裂解（大印度板块与澳大利亚板块分离）、南大洋的打开（南极洲板块和澳大利亚板块分离）、塔斯曼海打开有关。大澳湾盆地位于澳大利亚南缘的中西段，其形成和演化主要受冈瓦纳大陆裂解和南大洋打开的影响，盆地先后经历了典型被动大陆边缘的三期构造演化，分别是中-晚侏罗世的裂陷期，白垩世的过渡期，晚白垩世之后的漂移期（图 5.24）。

1）裂陷期（160～140 Ma）

大澳湾盆地的裂陷期始于中侏罗世卡洛夫期。随着南极洲和澳大利亚板块的裂解，板块之间发生了一系列岩石圈伸展与沉降。裂谷作用初始阶段发育三叉裂谷，大澳湾盆地向北的弧形内凹特征可能是夭折裂谷的表现。北西—南东走向与近南北走向的伸展作用与转换伸展作用形成了盆地内一系列地堑和半地堑（Totterdell and Bradshaw，2004）。

2）过渡期（140～83 Ma）

早白垩世贝里阿斯期，盆地进入过渡期阶段。根据沉降速率不同，大澳湾盆地过渡期可划分为缓慢沉降期和加速沉降期两个阶段。贝里阿斯期—阿尔布期，盆地处于裂后缓慢沉降阶段。受西部海侵的影响，盆地的古地理环境自东向西，由北向南，逐渐由陆相过渡到海相，中部和西部地区尤为明显。从早白垩世阿尔布晚期到晚白垩世圣通期，盆地进入快速沉降阶段，此时受下部地壳的伸展作用与重力驱动的生长断层控制，盆地的沉降速率加大，形成巨大可容纳空间，盆地的初次海侵发生于此时，东部地区也逐渐演化为海相环境（Totterdell and Bradshaw，2004）。

3）漂移期（83 Ma～现今）

晚白垩世圣通晚期，洋壳形成，南大洋正式打开，南极洲板块与澳大利亚板块彻底分离，盆地进入漂移期。从始新世开始，盆地接受漂移期的 Wobbegong 群的碎屑岩沉积及其后的开阔海碳酸盐岩沉积。

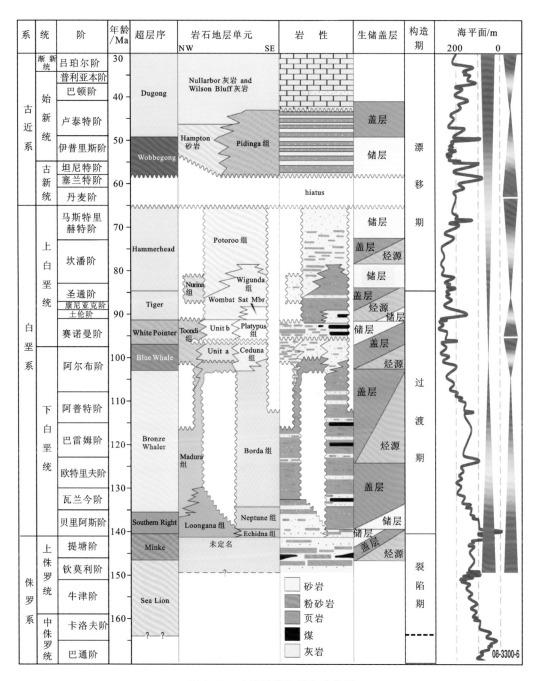

图 5.24　大澳湾盆地综合柱状图

　　总体而言,尽管盆地整体上经历了三期构造演化阶段,但盆内不同拗陷单元由于所处的区域构造位置不同,在演化过程中表现出一定的差异性。邓特伦拗陷的裂陷期作用较强烈,沉积了巨厚的湖相地层;而塞杜纳拗陷仅在北部边缘发生了较明显的裂陷作用,其中部在漂移期沉积了巨厚的海相地层。除此之外,在晚白垩世,在盆地东部,包括邓特伦拗陷和塞杜纳拗陷东部,发生了区域抬升剥蚀,后期邓特伦拗陷还发生了第二次裂陷作用,强化了前期形成的隆凹相间的构造格局(图 5.25)。

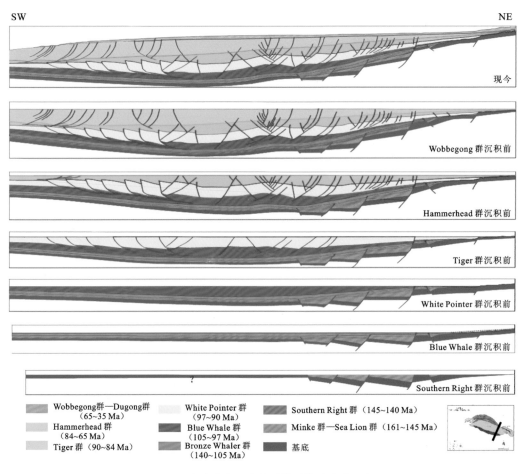

图 5.25　大澳湾盆地塞杜纳拗陷构造演化示意图

2. 地层与沉积特征

　　大澳湾盆地不同构造单元其下部基底不同。盆地内的登马克拗陷、布雷默拗陷、艾尔拗陷的基底为元古界及其更老的地块,盆地西部为 Albany-Fraser 造山带,北部为元古界—下古生界的 Officer 盆地,东部地区为 Gawler 克拉通的元古界结晶基底。塞杜纳拗陷由于埋深较大,基底尚不清楚,Scott 于 2000 年提出其基底可能为一近似于东部 Stansbury 盆地的古生界盆地(Totterdell,2004;Bradshaw,2004);邓特伦拗陷的基底为 Adelaide 褶皱冲断带的元古界和下古生界。目前已经发现了大澳湾盆地东边的坎加鲁(Kangaroo)岛的中侏罗统玄武岩,但盆地内部尚无明显的侏罗系火成岩的证据(Totterdell,2004;Bradshaw,2004)。

1) 裂陷期

在中-晚侏罗世裂陷期形成的半地堑内,沉积了上侏罗统 Sea Lion 群和 Minke 群河湖相碎屑岩,主要零星分布在艾尔拗陷、邓特伦拗陷及塞杜纳拗陷北部(图 5.26)。艾尔拗陷内钻探的 Jerboa 1 井,揭示该套地层岩性为浅湖-半深湖相泥岩,邓特伦拗陷内钻探的 Echidna 1 井,揭示该套地层为湖相三角洲前缘的粉-细砂岩和泥岩。

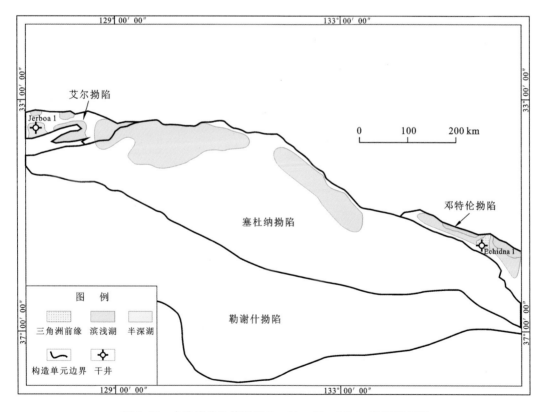

图 5.26 大澳湾盆地侏罗系 Sea Lion 群—Minke 群沉积相图

2）过渡期

在早白垩世—晚白垩世的过渡期,沉积环境逐渐由陆相转为海相,地层自下而上可划分为五套,分别是 Southern Right 群、Bronze Whaler 群、Blue Whale 群、White Pointer 群和 Tiger 群。

下白垩统 Southern Right 群为浅湖相沉积,地层岩性以灰色泥岩为主,夹少量粉砂岩(Totterdell,2000),下白垩统 Bronze Whaler 群主要为继承性陆相三角洲沉积,在艾尔拗陷与邓特伦拗陷,发育三角洲相沉积,而塞杜纳拗陷发育煤层。

从下白垩统 Blue Whale 群开始逐渐演化为海相沉积。Blue Whale 群属于局限海相沉积(图 5.27),地层岩性主要为泥岩和粉砂岩互层,局部见滨岸相砂岩,此时盆地沉降速率快,海侵作用明显。上白垩统 White Pointer 群发育于晚白垩世开始的短期海退,西部地区岩性偏细,以粉砂岩和泥岩为主,夹薄层砂岩,东部地区以厚层砂岩夹薄层泥岩、粉砂岩为主,在塞杜纳拗陷内西部发育海相三角洲沉积,东部发育一套

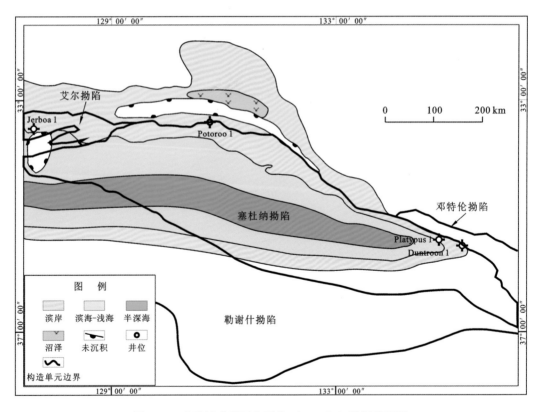

图 5.27　大澳湾盆地下白垩统 Blue Whale 群沉积相图

潮控三角洲沉积(图 5.28)。上白垩统 Tiger 群处于盆地的最大海泛期,属于三角洲-滨岸-浅海-半深海相沉积环境,岩性整体上以厚层泥岩夹薄层粉砂岩为主,三角洲相带发育厚层砂岩。

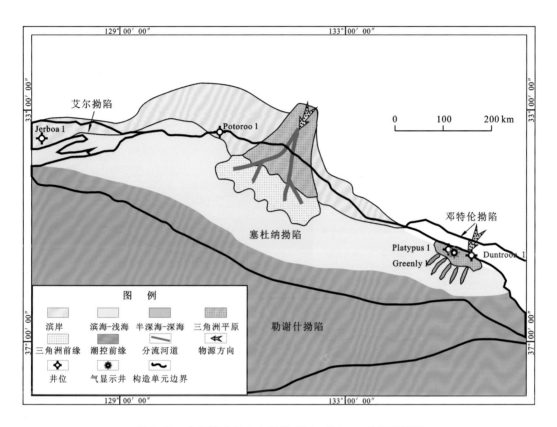

图 5.28　大澳湾盆地上白垩统 White Pointer 群沉积相图

3) 漂移期

晚白垩世坎潘阶—现今的漂移期,主要发育 Hammerhead 群和 Wobbegong 群的三角洲-浅海-半深海相碎屑岩沉积以及 Dugong 群开阔海相碳酸盐岩沉积。

晚白垩世 Hammerhead 群沉积时,澳大利亚大陆南部高原为盆地提供大量的沉积物源供给,在塞杜纳拗陷西侧形成规模巨大的 Hammerhead 海相三角洲,东部地区以滨岸-浅海相沉积为主(图 5.29),仅发育小型三角洲。古近系发育 Wobbegong 群碎屑岩和 Dugong 群碳酸盐岩沉积,与下伏 Hammerhead 群呈角度不整合接触。

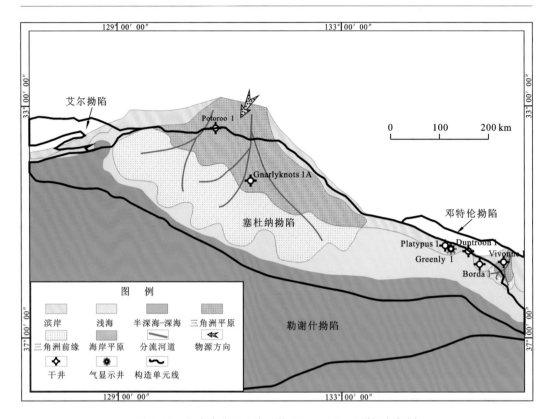

图 5.29　大澳湾盆地上白垩统 Hammerhead 群沉积相图

5.2.2　盆地油气地质特征

1. 烃源岩条件

大澳湾盆地共发育五套烃源岩,自下而上分别是上侏罗统 Sea Lion 群— Minke 群湖相泥岩、下白垩统 Bronze Whaler 群湖相三角洲煤系地层、下白垩统 Blue Whale 群海相泥页岩、上白垩统 White Pointer 群海相三角洲煤系地层和上白垩统 Tiger 群海相泥页岩(表 5.4)。在邓特伦拗陷内,除了上侏罗统 Sea Lion 群— Minke 群湖相泥岩主体进入高—过成熟生气阶段外,其他四套均未成熟;在艾尔拗陷内这五套烃源岩均未成熟,因此本节主要叙述塞杜纳拗陷中烃源岩特征。

1) 侏罗系 Sea Lion 群— Minke 群湖相泥岩

Sea Lion 群— Minke 群为一套湖相烃源岩,有机质类型为 II_2~III 型,TOC 介于 1.03%~3.52%,平均为 1.73%;S_1+S_2 介于 1.53~3.29 mg/g,平均为 2.34 mg/g;

表 5.4　大澳湾盆地烃源岩综合评价表

发育时期	烃源岩		有机质类型	TOC/%（平均值）	(S_1+S_2)/(mg/g)（平均值）	HI/(mg HC/g TOC)（平均值）	综合评价
	地层	岩性					
过渡期	上白垩统 Tiger 群	泥岩（外陆架）	II	2.0~6.9	—	274~479	好
		泥岩	III	1.2	1.97	119	中等
	上白垩统 White Pointer 群	煤层	III	61.1	130	181	中等
		泥岩		1.6	1.9	96	
	下白垩统 Blue Whale 群	泥页岩	II$_2$~III	1.0	1.67	108	中等
	下白垩统 Bronze Whaler 群	煤层	II$_2$~III	55.6	163.5	236	中等
		泥岩		1.2	2.2	140	
裂陷期	上侏罗统 Minke 群 / Sea Lion 群	泥岩	II$_2$~III	1.73	2.34	151.2	中等

HI 介于 106.8~226.45 mg HC/g TOC，平均为 151.2 mg HC/g TOC，属中等烃源岩。在晚白垩世中期（约 80 Ma）进入成熟生气阶段，主要呈条带状分布在塞杜纳拗陷北侧裂陷期残洼内（图 5.26）。

2）下白垩统 Bronze Whaler 群三角洲煤系地层

Bronze Whaler 群为一套三角洲煤系烃源岩，有机质类型为 II$_2$~III 型，其中泥岩 TOC 介于 0.63%~2.32%，平均为 1.18%；S_1+S_2 介于 0.8~4.4 mg/g，平均为 2.2 mg/g；HI 介于 81~220 mg HC/g TOC，平均为 140 mg HC/g TOC，属中等烃源岩。在塞杜纳拗陷内，烃源岩于晚白垩世早期（约 92 Ma）进入成熟生气阶段，目前，除北部边缘未成熟外，拗陷主体范围内均已成熟，并且由拗陷外向内，成熟度具有逐渐增大的趋势。

3）下白垩统 Blue Whale 群海相泥页岩

Blue Whale 群为一套海相泥页岩烃源岩，有机质类型为 II$_2$~III 型，泥岩 TOC 介于 0.46%~1.43%，平均为 1.03%；S_1+S_2 介于 1.32~2.17 mg/g，平均为 1.67 mg/g，HI 介于 76.8~191 mg HC/g TOC，平均为 107.6 mg HC/g TOC，属中等烃源岩。在塞杜纳拗陷内，烃源岩于晚白垩世中期（约 90 Ma）进入成熟生气阶段。

4）上白垩统 White Pointer 群三角洲煤系地层

White Pointer 群为一套三角洲煤系烃源岩，有机质类型为 III 型，其中泥岩 TOC

介于 0.66%~5.82%,平均为 1.62%,S_1+S_2 介于 0.61~4.4 mg/g,平均为 1.9 mg/g,HI 介于 76~145.5 mg HC/g TOC,平均为 96.4 mg HC/g TOC。煤层 TOC 介于 46.9%~70.5%,平均为 61.1%,S_1+S_2 介于 97.3~163.9 mg/g,平均为 130 mg/g,HI 介于 97.2~275.3 mg HC/g TOC,平均 180.6 mg HC/g TOC,属中等烃源岩。在塞杜纳拗陷内,烃源岩于始新世中期(约 48 Ma)进入成熟生气阶段。

5）上白垩统 Tiger 群海相泥页岩

Tiger 群为一套海相泥页岩烃源岩,有机质类型为 II~III 型,TOC 介于 0.4%~1.73%,平均为 1.2%;S_1+S_2 介于 0.61~4.58 mg/g,平均为 1.97 mg/g;HI 介于 41~167 mg HC/g TOC,平均为 119 mg HC/g TOC,属中等烃源岩。烃源岩主排烃期为始新世中期(约 50 Ma),该时期,除北部边缘带未成熟外,塞杜纳拗陷中部已进入成熟生油阶段,局部进入成熟生气阶段。

总之,烃源岩是盆地勘探潜力评价的关键所在,但塞杜纳拗陷勘探程度极低,缺少有关烃源岩的更多资料,还存在着许多有待于深入研究的问题。基于目前的初步成果(图 5.30)推测认为,塞杜纳拗陷的中央凹陷发育 Blue Whale 群、White Pointer 群及 Tiger 群等多套烃源;中央凹陷的北部与东部断阶带发育 White Pointer 群三角洲煤系烃源岩。邓特伦拗陷与艾尔拗陷局部地区发育 Sea Lion 群、Minke 群烃源岩。

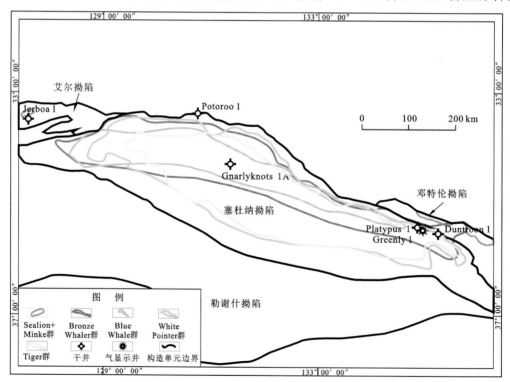

图 5.30　大澳湾盆地有利烃源岩叠合评价图

2. 储盖组合条件

大澳湾盆地自下而上可划分下白垩统 Bronze Whaler 群、上白垩统 White Pointer 群—Tiger 群、上白垩统 Tiger 群、上白垩统 Hammerhead 群等四套白垩系储盖组合。统计资料表明(图 5.31),白垩系储层孔隙度具有随深度明显降低的趋势,在孔隙度为 10%时,储层对应下限埋深为 4 200 m。

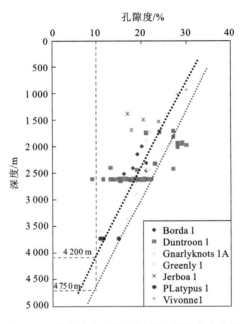

图 5.31 大澳湾盆地储层埋深与孔隙度交会图

1) 下白垩统 Bronze Whaler 群储盖组合

Bronze Whaler 群储盖组合主要发育于过渡期早期,以下部水进初期的三角洲相砂岩为储层,上部区域分布的厚层湖相泥岩为盖层。钻井揭示,储层埋深 1 400 m,孔隙度为 16.9%~23.8%。主要分布在艾尔拗陷、塞杜纳拗陷和邓特伦拗陷北部边缘的局部地区。

2) 上白垩统 White Pointer 群—Tiger 群储盖组合

该套上白垩统的储盖组合,主要以 White Pointer 群三角洲砂岩为储层,Tiger 群下部海相泥岩为盖层。钻井揭示,储层埋深 2 739~3 219 m,孔隙度主要为 5%~20%。主要分布于塞杜纳拗陷中部和北部地区,以及艾尔拗陷和邓特伦拗陷的浅海靠陆一侧。

3）上白垩统 Tiger 群储盖组合

该套上白垩统储盖组合,主要以 Tiger 群中段三角洲砂岩为储层,层间泥岩及上部海相泥岩为盖层。钻井揭示,储层埋深 2 422～3 420 m,孔隙度为 6.6%～16.7%。主要分布于塞杜纳拗陷中部和北部地区,以及艾尔和邓特伦拗陷的浅海靠陆一侧。

4）上白垩统 Hammerhead 群储盖组合

该套上白垩统储盖组合,主要以 Hammerhead 群三角洲前缘砂体为储层,层间泥岩为盖层。钻井揭示,储层埋深为 215～2 422 m,孔隙度平均为 26.6%。主要分布在塞杜纳拗陷和邓特伦拗陷的大部分地区,以及艾尔拗陷的浅海靠陆一侧。

总的来说,在塞杜纳拗陷的中部和东部、艾尔拗陷中部,以及邓特伦拗陷中部,储盖组合较为有利,是盆地未来重要的勘探研究领域。

3. 圈闭条件

1）塞杜纳拗陷圈闭条件分析

塞杜纳拗陷经历了裂谷期—过渡期—漂移期三个阶段,形成了多种类型的构造圈闭,特别是在拗陷作用的过渡期,发育了大型重力滑脱构造,形成了大量与其相关的圈闭。平面上可分为三个构造圈闭发育带:北部裂谷—漂移期断块圈闭带,中部过渡期滚动背斜和漂移期断块圈闭带,南部过渡期逆冲背斜和漂移期断块圈闭带(图 5.32)。根据圈闭形成机制不同和圈闭特征,划分为四类共九种圈闭类型。其中三类圈闭与沉积盖层的重力滑脱作用相关,分别是伸展构造带的断块型构造圈闭、滑脱生长构造带的滚动背斜型圈闭、挤压推覆构造带的背斜型圈闭,第四类为裂陷期断块型潜山之上继承发育的披覆背斜型圈闭。

构造活动强度的差异性控制了圈闭类型在平面上呈“有序分布”的特点。伸展型断块构造圈闭主要分布在塞杜纳拗陷的北部斜坡带,主要受沉积盖层拉张伸展应力控制形成,包括顺向翘倾断块、反向翘倾断块和断垒等圈闭样式,其特点是圈闭面积较小,圈闭幅度不大。滑脱生长型构造圈闭主要分布在拗陷的中部,主要受重力滑动背景下生长断层控制,上盘地层发生逆时针旋转回倾,底部塑性地层流动造成的“上张、下挤、中塌陷”,形成滚动背斜、似花状构造、滚动背斜相关的反向断块等圈闭,这类圈闭的面积较大、圈闭幅度中等。挤压推覆构造带主要受滑脱盖层在逆冲前缘坡

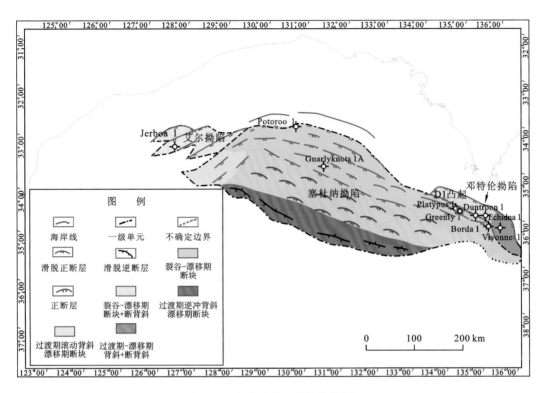

图 5.32　大澳湾盆地圈闭带分布图

脚的收缩或挤压推覆作用控制,发育挤压背斜、逆冲断背斜等圈闭,圈闭面积和幅度较大,是有利的大型圈闭的发育带。潜山披覆型圈闭主要分布在盆地北部边缘,与裂陷期形成的断块型潜山有关,圈闭面积和幅度较大。

整体来看,塞杜纳拗陷中南部过渡期的挤压推覆构造带是大型圈闭发育的有利构造带,圈闭规模较大,埋深相对较小,是值得重点关注的区带。

2) 邓特伦拗陷圈闭条件分析

邓特伦拗陷的形成和演化与塞杜纳拗陷不同,导致了两者在圈闭特征上存在显著差异。平面上,西北部为裂谷期—漂移期地层内的断块和断背斜带,东南部为过渡期—漂移期地层内的背斜和断背斜圈闭带。在邓特伦拗陷,与重力滑脱构造相关的滚动背斜和挤压背斜不发育,取而代之发育大量与断层相关的顺向断块、反向断块、断垒、断背斜以及与不整合面相关的地层圈闭等。这些与断层相关的圈闭主要分布在邓特伦拗陷的中央凸起构造带上,大部分已被钻探。除此之外,邓特伦拗陷南缘斜坡断阶带可能发育一系列顺向断块型圈闭,中央凹陷的低凸起可能存在未经钻探的背斜、断背斜型圈闭。

3) 艾尔拗陷圈闭条件分析

艾尔拗陷受裂陷作用所形成的近东西向断层的控制,发育一系列北断南超的箕状断陷,可形成断背斜圈闭。后期断层活化,可在过渡期—漂移期地层内形成断块圈闭。沿中央低凸起构造带,发育一系列断鼻、断背斜型圈闭,如 Jerboa-1 井所钻圈闭。低凸起之上也可能发育一些受后期断层切割的披覆型背斜圈闭。

4. 运聚与保存条件

盆地内断裂比较发育,油气以垂向运移为主,侧向为辅;深切上白垩统及以下地层的深大断层是油气垂向运移的主要通道。不同拗陷烃类生成—运移—聚集的层位和时间具有差异。

平面上,塞杜纳拗陷北部以 White Pointer 群煤系烃源岩贡献为主,Tiger 群海相泥页岩为辅;中部地区以 White Pointer 群和 Tiger 群的混源为主,南部以 Blue Whale 群海相烃源岩贡献为主,White Pointer 煤系烃源岩为辅(Totterdell,2008)。塞杜纳拗陷西北部与艾尔拗陷相邻处以 Sea Lion 群—Minke 群湖相烃源为主。纵向上,Sea Lion 群—Minke 群烃源岩生成的烃类主要运聚于 Bronze Whaler 群圈闭内,成藏关键时刻为晚白垩世 Tiger 群沉积末期的桑托阶(图 5.33)。Blue

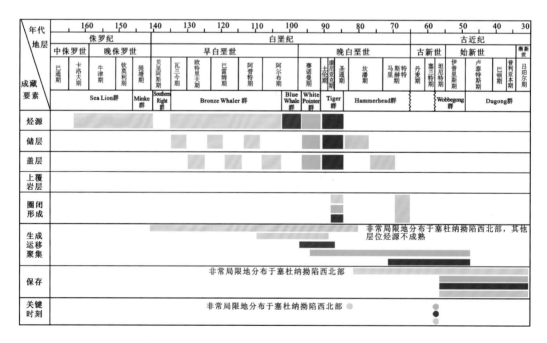

图 5.33　大澳湾盆地塞杜纳拗陷含油气系统事件图

Whale 群和 White Pointer 群烃源岩生排的烃类主要运聚于 White Pointer 群和 Tiger 群圈闭中,成藏关键时刻为古新世 Wobbegong 群沉积之前的塞兰特阶,其后无大的构造运动,保存条件较好。Tiger 群烃源岩生排的烃类主要运聚于 Tiger 群和 Hammerhead 群圈闭内,成藏关键时刻也为古新世 Wobbegong 群沉积之前的塞兰特阶。

Duntroon 拗陷仅 Sea Lion 群—Minke 群湖相烃源岩成熟,此套烃源岩产生的烃类主要运聚至 Bronze Whaler 群、White Pointer 群和 Tiger 群的圈闭中。成藏关键时刻为晚白垩世 Tiger 群沉积末期的圣通阶。由于在晚白垩世末—古新世初始时期经历了大规模的构造抬升,中央凸起高部位的圈闭遭受了一定程度的破坏,保存条件相对不利(图 5.34)。

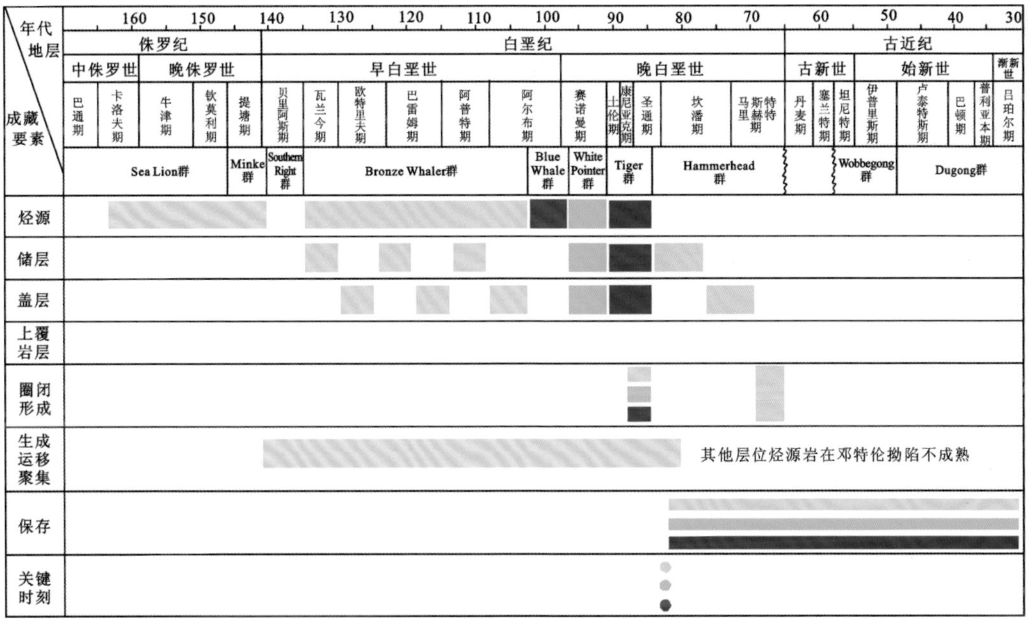

图 5.34 大澳湾盆地邓特伦拗陷含油气系统事件图

艾尔拗陷仅有非常局限的 Sea Lion 群—Minke 群湖相烃源岩达到成熟,大部分未成熟,拗陷内未发生大规模的油气运聚。

5.2.3 盆地勘探潜力及方向

大澳湾盆地不同构造单元油气成藏主控因素与地质风险不尽相同。塞杜纳拗陷的陆架浅水区及东部地区,发育大套厚层的三角洲相砂体,主要地质风险是缺乏区域性盖层和良好的局部盖层,且断层侧封条件差,因此寻找背斜等具有较完整构造形态的圈闭是勘探的关键所在。艾尔拗陷的主要问题是烃源岩未成熟,临近凹陷烃源岩成熟但无法运移至此,勘探潜力较小,风险较大。邓特伦拗陷圈闭类型多样,构造较为复杂,已有钻井失利的主要原因是构造不落实,其次储层物性较差。

然而,大澳湾盆地面积超过 $80 \times 10^4 \ km^2$,目前仅钻探井 9 口,是世界上未获得商业油气发现的最大海上盆地之一,勘探程度极低。研究认为,盆地具备成藏的基本石油地质条件,发育三套海相和两套湖相烃源岩,四套成藏组合,圈闭类型多样,圈闭形成与生排烃具有良好的匹配关系,油气勘探潜力不容低估。

塞杜纳拗陷中北部是盆地内最有利勘探区带。在此区带发育 Whiter Pointer 和 Tiger 群两套有利成藏组合,三套主力烃源岩,以及一批滚动背斜、挤压背斜及逆冲背斜等多种类型的圈闭,圈闭形态好,特别是塞杜纳拗陷中部地区,沉积相带发生变化,泥岩增多,盖层相对变好,是未来获得油气发现的潜力区。邓特伦拗陷与塞杜纳拗陷之间的断阶带发育反向断块,以及发育侏罗系 Sea Lion 群—Minke 群烃源岩和 Bronze Whaler 成藏组合,也具有一定勘探潜力。

参 考 文 献

陈景阳,张洋,王涛,等,2015.巴布亚褶皱带油气藏类型与成藏模式.特种油气藏,22(5):55-59.

白国平,殷进垠,2007.澳大利亚北卡那封盆地油气地质特征及勘探潜力分析.石油实验地质,29(3):
 253-258.

董国栋,张琴,朱筱敏,等,2013.中苏门答腊盆地新生代沉积演化及其油气意义.重庆科技学院学报(自
 然科学版),15(3):5-8.

冯杨伟,屈红军,张功成,等,2010.澳大利亚西北陆架中生界生储盖组合特征.海洋地质动态,26(6):
 16-22.

冯杨伟,屈红军,张功成,等,2011.澳大利亚西北陆架深水盆地油气地质特征.海洋地质与第四纪地质,
 31(4):131-138.

何登发,童晓光,温志新,等,2015.全球大油气田形成条件与分布规律.北京:科学出版社.

孔媛,许中杰,程日辉,等,2012.南海围区中生代构造古地理演化.世界地质,31(4):693-703.

李丹,杨香华,朱光辉,等,2013.澳大利亚西北大陆架中晚三叠世沉积序列与古气候-古地理.海洋地质
 与第四纪地质,33(6):61-70.

李三忠,余珊,赵淑娟,等,2013.东亚大陆边缘的板块重建与构造转换.海洋地质与第四纪地质,33(3):
 65-94.

刘亚明,张春雷,2012.南苏门答腊盆地Jabung区块油气成藏特征与主控因素分析.地质与勘探,48(3):
 637-644.

栾天思,2015.印尼宾图尼盆地油气成藏条件研究与潜力分析.北京:中国地质大学(北京):1-48.

骆宗强,阳怀忠,刘铁树,等,2012.巴布亚盆地构造差异演化及其对油气成藏的控制.地球科学:中国地
 质大学学报,37:143-150.

毛治国,樊太亮,王宏语,等,2009.层序地层格架下岩性-地层油气藏成藏与分布:以南苏门答腊盆地北
 部为例.石油勘探与开发,36(1):120-127.

谯汉生,于兴河,2004.裂谷盆地石油地质.北京:石油工业出版社.

时志强,欧莉华,2009.晚三叠世卡尼期黑色页岩事件在龙门山地区的沉积学和古生物学响应.古地理学
 报,11(4):376-383.

孙作兴,张义娜,刘长利,2012.浅水三角洲的沉积特征及油气勘探意义.石油天然气学报,34(9):
 161-166.

汪焰,申本科,2012.澳大利亚北卡那封盆地Rankin台地天然气富集原因初探.中国石油勘探,34(3):
 161-166.

谢楠,姜烨,朱光辉,等,2010a.缅甸睡宝盆地南部地区渐新统储层次生孔隙形成机理分析.天然气地球
 科学,1(2):289-294.

谢楠,姜烨,朱光辉,等,2010b.缅甸Sagaing走滑断裂及对睡宝盆地构造演化的控制和影响.现代地质,
 24(2):268-272.

许凡,康永尚,李水静,等,2010.中苏门答腊盆地油气成藏分析与勘探潜力预测.特种油气藏,17(1):
 41-48.

杨磊,康安,2011.巴布亚盆地安特洛普生物礁气田地质特征和成礁模式.新疆石油地质,32(2):
207-209.

袁浩,张廷山,王海峰,等,2012.南苏门答腊盆地 M 区块古近系烃源岩特征及评价.天然气地球科学,
23(5):646-653.

叶德燎,王俊,刘兰兰,2004.东南亚与南亚油气资源及其评价.北京:石油工业出版社:12-20.

张建球,钱桂华,郭念发,2008.澳大利亚大型沉积盆地与油气成藏.北京:石油工业出版社:88-92.

张进江,钟大赉,周勇,1999. 东南亚及哀牢山红河构造带构造演化的讨论. 地质论评,45(4):
337-344.

周蒂,孙珍,陈汉宗,等,2005.南海及其围区中生代岩相古地理和构造演化.地学前缘,13(3):204-218.

朱伟林,胡平,季洪泉,等,2013.澳大利亚含油气盆地.北京:科学出版社.

TREVENA A S,CLARK R A,辛文锋,1987.泰国湾北大年盆地砂岩储集层的成岩作用.海洋地质译
丛,1:69-75.

ACHARYYA S K,1998. Break-up of the greater Indo-Australian continent and accretion of blocks
framing south and east Asia. Journal of geodynamics,26(1):149-170.

ACHARYYA S K,2000. Break up of Australia-India-Madagascar block,opening of the Indian Ocean and
continental accretion in Southeast Asia with special reference to the characteristics of the peri-Indian
collision zones. Gondwana research,3(4):425-443.

ALI J R,HALL R,1995. Evolution of the boundary between the Philippine Sea Plate and Australia:
palaeomagnetic evidence from eastern Indonesia. Tectonophysics,251:251-275.

ARNOLD C W,1992. A classical reservoir study of the Petani Field-approach to analyzing an older
complex reservoir//Proceedings of the Indonesian Petroleum Association 21th Annual Convention,
IPA,(2):487-515.

AUDLEY C M G,1988. Evolution of the southern margin of Tethys (North Australian region) from
early Permian to late Cretaceous. Geological society,37(1):70-100.

AUDLEY C M G,2004. Ocean trench blocked and obliterated by Banda forearc collision with Australian
proximal continental slope. Tectonophysics,389:65-79.

BAILLIE P W,JACOBSEN E P,1997. Prospectivity and exploration history of the Barrow Sub-basin,
Western Australia. The APPEA journal,37(1):117-135.

BARBER A J,CROW M J,2009. The structure of Sumatra and its implications for the tectonic assembly
of Southeast Asia and the destruction of Paleotethys. Island arc,18(1):3-20.

BESTON N B,1986. Reservoir geological modeling of the North Rankin field,Northwest Australia.
Australian petroleum exploration association journal,26(1):426-480.

BOULT P,CARMAN G J,1993. The sedimentology,reservoir potential and seal integrity of the Pale
Sandstone at the Aure Scarp,Papua New Guinea//CARMAN G J,ZARMAN Z Petroleum exploration
and development in Papua New Guinea. Proceedings 2nd PNG Petroleum Convention:125-137.

BUNOPAS S ,VELLA P,1983. Opening of the Gulf of Thailand:rifting of continental southeast Asia,
and Late Cenozoic tectonics. Journal of the geological society of Thailand,6(1):1-12.

C&C RESERVOIRS,2011. KF Field,West Natuna Basin,Indonesia:Reservoir Evaluation Report.
Houston:C&C Reservoirs.

COPLEY A,AVOUAC J P,ROYER J Y,2010. India-Asia collision and the Cenozoic slowdown of the
Indian plate:implications for the forces driving plate motions. Journal of geophysical research,115:

1-14.

COURTENEY S,COCKCROFT P,LORENTZ R,et al.,1989. Indonesia-oil and gas fields atlas North Sumatra and Natuna,Jakarta:Indonesian Petroleum Association.

CROSTELLA A,BARTER T,1980. Triassic-Jurassic depositional history of the Dampier and Beagle sub-basins,northwest shelf of Australia. The APPEA journal,20(1):25-33.

CURRAY J R,MOORE D G,1974. Sedimentary and tectonic processes in Bengal deep-sea fan and geosyncline//BURK C A. DRAKE C L. The geology of continental margins. New York:Springer-Verlag:617-628.

DALY M C ,COOPER M A ,WILSON I,et al.,1991. Cenozoic plate tectonics and evolution in Indonesia. Marine and petroleum geology,8:2-21.

DAINES S R,1985. Structural history of the West Natuna Basin and the tectonic evolution of the Sunda region//Proceedings 14th Indonesian Petroleum Association Annual Convention,14(1):39-61.

DICKERMAN K M,1993. The utilization of 3D seismic for small fields in the South Natuna Sea Block B//Proceedings 22nd Indonesian Petroleum Association Annual Convention,22(1):659-678.

DICKINSON W R,SEELY D R,1979. Structure and stratigraphy of forearc regions. Journal of Pharmaceutical sciences,60(6):809-814.

DOLAN P J,HERMANY,1988. The geology of the Wiriagar Field,Bintuni Basin,Irian Jaya//Proceedings of the 17th Annual Convention of the Indonesian Petroleum Association,(1):53-88.

FERRARI O M,HOCHARD C,STAMPFLI G M,2008. An alternative plate tectonic model for the Palaeozoic-Early Mesozoic Palaeotethyan evolution of Southeast Asia (Northern Thailand-Burma). Tectonophysics,451:346-365.

GAYNOR J,HEPLER G,THORNTON M,1995. The importance of reservoir characterisation and sedimentology in the Belida field development//Proceedings 24th Indonesian Petroleum Association Annual Convention,24(2),361-375.

GINGER D C,POTHECARY J,HEDLEY R J,1994. New insights into the inversion history of the West Natuna Basin. American association of petroleum geologists,78(7):1142-1143.

GOLONKA J,2007. Late Triassic and Early Jurassic palaeogeography of the world. Palaeogeography,palaeoclimatology,palaeoecology,244:297-307.

HAILE N S,1972. The Natuna Swell and adjacent Cainozoic basins on the north Sunda Shelf. Geological society of Malaysia-Kesatuan Kajibumi Malaysia,34(34):14-15.

HALL R,1995. Plate tectonic reconstruction of the Indonesian region//Proceedings Indonesian. Petroleum Association 24th Annual Convention,(1):71-84.

HALL R,1997. Cenozoic plate tectonic reconstructions of SE Asia. Geological society,London,special publications,126(1):11-23.

HALL R,2002. Cenozoic geological and plate tectonic evolution of SE Asia and the SW Pacific:computer-based reconstructions,model and animations. Journal of Asian earth sciences,20(4):353-431.

HALL R,HATTUM M C A,SPAKMAN W,2008. Impact of India-Asia collision on SE Asia:the record in Borneo. Tectonophysics,451:366-389.

HEINE C,MULLER R D,2005. Late Jurassic rifting along the Australian Northwest Shelf:margin geometry and spreading ridge Configuration. Australian journal of earth sciences,52:27-39.

HILL K C,HALL R,2003. Mesozoic-Cenozoic evolution of Australia's New Guinea margin in a west Pacific context.//HILLIS R,MULLER R,Evolution and dynamics of the Australian Plate,372:265-289.

HILL K C,NORVICK M S,KEETLEY J T,et al.,2000. Structural and stratigraphic shelf-edge hydrocarbon plays in the Papuan Fold Belt//BUCHANAN, P, G, GRAINGE, M, THORNTON, R, C, N. Papua New Guinea's Petroleum Industry in the 21st Century: Proceedings of the Fourth PNG Petroleum Convention, Port Moresby:67-84.

HILL K C,KEETLEY J T,KENDRICK R D,2004. Structure and hydrocarbon potential of the New Guinea Fold Belt//MCCLAY K R. Thrust tectonics and hydrocarbon systems. AAPG Memoir,82:494-514.

HOME P C,DALTON D G,BRANNAN J,1990. Geological evolution of the western Papuan Basin. Petroleum Exploration in Papua New Guinea//Proceedings 1st PNG Petroleum Convention:107-117.

JABLONSKI D, SAITTA A J, 2004. Permian to Lower Cretaceous plate tectonics and its impact on the Tectono-stratigraphic development of the Western Australian margin. The APPEA journal,44(1):287-327.

JABLONSKI D,PONO S ,LARSEN O A,2006. Prospectivity of the deepwater gulf of Papua and surrounds in Papua New Guinea (PNG)-a new look at a frontier region. Australian petroleum production and exploration association,46:179-200.

KENDRICK R D,HILL K C,2011. Hydrocarbon play concepts for the Irian Jaya fold belt//Proceedings 28th Indonesian Petroleum Association:353-367.

KINGSTON J, 1978. Oil and gas generation, accumulation and migration in the North Sumatra Basin// Proceeding of the South East Asia Petroleum Expolration Society Volume IV:158-182.

LARRY J C,JONATHAN P S,SUHERMAN T, et al., 2004. Wiriagar Deep: The Frontier Discovery that Triggered Tangguh LNG//Indonesian Petroleum Association, Proceedings of an International Geosciences Conference on Deepwater and Frontier Exploration in Asia & Australasia:137-157.

LEE T Y,LAWVER L A,1995. Cenozoic plate reconstruction of Southeast Asia. Tectonophysics,251(1): 85-138.

LI Z X,POWELL C,2001. An outline of the palaeogeographic evolution of the Australasian region since the beginning of the Neoproterozoic. Earth-science reviews,53:237-277.

LI R Y, MEI L F, ZHU G H,et al.,2013. Late Mesozoic to Cenozoic tectonic events in volcanic arc, West Burma block:evidences from U-Pb zircon dating and apatite fission track data of granitoids. Journal of earth science,24(4):553-568.

LIAN H M,BRADLEY K,1986. Exploration and development of natural gas,Pattani Basin,Gulf of Thailand// 4th Circum-Pacific Energy and Mineral Resources Conference,Singapore:171-181.

LINTHOUT K, HELMERS H, SOPAHELUWAKAN J, 1997. Late Miocene obduction and microplate migration around the southern Banda Sea and the closure of the Indonesian Seaway. Tectonophysics, 281: 17-30.

LONGLEY I M,BARRACLOUGH R,BRIDDEN M A,et al.,1990. Pematang lacustrine petroleum source rocks from the Malacca Strait PSC,Central Sumatra,Indonesia//Proceedings of the Indonesian Petroleum Association 17th Annual Convention,IPA:279-298.

MARITA B, DIANNE E, JOHN B, et al., 1997. Australian and eastern Indonesian petroleum systems// Proceedings of the Petroleum systems of SE Asia and Australasia Conference:141-153.

METCALFE I,1984. Stratigraphy,palaeontology and palaeogeography of the Carboniferous of Southeast Asia. Memoires de la Societe geologique de France,147:107-118.

METCALFE I, 1990. Allochthonous terrane processes in Southeast Asia [and Discussion]. Philosophical

Transactions of the Royal Society of London. Series A, Mathematical and physical sciences, 331(1620): 625-640.

METCALFE I, 2006. Palaeozoic and Mesozoic tectonic evolution and palaeogeography of East Asian crustal fragments: the Korean Peninsula in context. Gondwana research, 9(1): 24-46.

METCALFE I, 2011. Palaeozoic—Mesozoic history of SE Asia//HALL R, COTTAM M A, WILSON M E J. The SE Asian Gateway: history and tectonics of the Australia — Asia Collision. Geological society, London, special publications, 355(1): 7-35.

MITCHELL A H G, 1989. The Shan Plateau and western Burma: Mesozoic—Cenozoic plate boundaries and correlations with Tibet. NATO ASI series. Series C, Mathematical and physical sciences, 259: 567-583.

MITCHELL A H G, 1993. Cretaceous—Cenozoic tectonic events in the western Myanmar (Burma)-Assam region. Journal of the geological society, 150(6): 1089-1102.

NINKOVICH D, 1976. Late Cenozoic clockwise rotation of Sumatra. Earth and planetary science letters, 29(2): 269-275.

PACKHAM G H, 1993. Plate tectonics and the development of sedimentary basins of the dextral regime in western Southeast Asia. Journal of southeast Asian earth sciences, 8(1/4): 497-511.

PAIRAULT A A, HALL R, ELDERS C F, 2003. Structural styles and tectonic evolution of the Seram Trough, Indonesia. Marine and petroleum geology, 20(10): 1141-1160.

POLACHAN S, PRADITAN S, TONGTAOW C, et al., 1991. Development of Cenozoic basins in Thailand. Marine and petroleum geology, 8: 84-97.

PRADIDTAN S, DOOK R, 1992. Petroleum geology of the northern part of the Gulf of Thailand//Proceeding of National Conference on Geologic Resources of Thailand: potential for future development, Bangkok: 235-246.

PIGOTT J D, SATTAYARAK N, 1993. Aspects of sedimentary basin evolution assessed through tectonic subsidence analysis. Example: northern Gulf of Thailand. Journal of Asian earth sciences, 8(1/4): 407-420.

PIGRAM G J, PANGGABEAN H, 1984. Rifting of the Northern Margin of the Australian Continent and the origin of some microplates in Eastern Indonesia. Tectonophysics, 107: 331-353.

PIGRAM C J, ROBINSON G P, TOBING S L, 1982. Late Cenozoic origin for the Bintuni Basin and adjacent Lengguru foldbelt, Irian Jaya//Proceedings of the 11th Annual Convention of the Indonesian Petroleum Association: 109-126.

RIADINI P, SAPIIE B, NUGRAHA A M S, et al., 2010. Tectonic evolution of the Seram fold-thrust belt and Misool-Onin-Kumawa anticline as an implication for the Bird's Head evolution//Proceedings of the 34th Annual Convention of the Indonesian Petroleum Association: 1-21.

ROBERTSON J, 1999. Tangguh-discovery of a major gas province in Irian Jaya, Indonesia. Proceedings of the Indonesian Petroleum Association: 211-212.

SCHIEFELBEIN C, TEN HAVEN H L, 1994. Geochemical typing of crude oils from the Gulf of Thailand and the Natuna Sea//American Association of Petroleum Geologists International Conference and Exhibition: Abstracts, Bulletin American Association of Petroleum Geologists, 78(7): 1161.

SHOUP R C, MORLEY R J, SWIECICKI T, et al., 2012. Tectonostratigraphic Framework and Tertiary paleogeography of Southeast Asia: Gulf of Thailand to South Vietnam shelf. Singapore: AAPG International Conference and Exhibition: 16-19.

SUTRIYONO E, HILL K C, 2001. Structure and hydrocarbon prospectivity of the Lengguru Fold Belt, Irian

Jaya//Proceedings of the Indonesian Petroleum Association:319-334.

TAPPONNIER P,PELTZER G,LE DAIN A Y,et al.,1982. Propagating extrusion tectonics in Asia: new insights from simple experiments with plasticine. Geology,10(12):611-616.

THOMAS W P,ANDREW R L,1993. Geology of the Jurassic gas discoveries in Bintuni Bay,Western Irian Jaya//Proceedings of the 22th Annual Convention of the Indonesian Petroleum Association:793-830.

TOTTERDELL J M, BRADSHAW B E, 2004. The structural framework and tectonic evolution of the Bight Basin//Eastern Australasian Basins Symposium II. Petroleum Exploration Society of Australia, Special Publications:41-61.

USGS,2010. Assessment of undiscovered oil and gas resources of Southeast Asia. Reston: United State Geological Survey.

USGS,2011a. Assessment of undiscovered oil and gas resources of Papua New Guinea,Eastern Indonesia,and East Timor. Reston:United State Geological Survey.

USGS,2011b. Assessment of undiscovered conventional oil and gas resources of Bonaparte Basin,Browse Basin, Northwest Shelf,and Gippsland Basin Provinces,Australia. Reston:United State Geological Survey.

VALENCIA M J ,1985. Geology and hydrocarbon potential of the South China Sea and possibilities of joint development. Oxford—NewYork: Pergamon press:433-455.

VARGA R J, 1974. Burma: Encyclopedia of European and Asian Regional Geology//MOORES E M, FAIRBRIDGE R W. London:Chapman & Hall:109-121.

VARNEY T D,BRAYSHAW A C,1993. A revised sequence stratigraphic and depositional model for the Toro and Imburu Formation, with implications for reservoir distribution and prediction//CARMAN G J, CARMAN Z. Proceedings of the Second PNG Petroleum Convention,Port Moresby:139-154.

WANDREY C J,2006. Eocene to Miocene composite total petroleum system,Irrawaddy-Andaman and north Burma geologic provinces,Myanmar. US Geological Survey Bulletin,2208:1-26.

WENSINK H,HARTOSUKOHARDJO S,SURYANA Y,1989. Palaeomagnetism of Cretaceous sediments from Misool,Northeastern Indonesia. Netherlands journal of sea research,24:287-301.

WILLIAMS H H,FOWLER M,EUBANK R T,1995. Characteristics of selected Paleogene and Cretaceous Lacustrine source basins of Southeast Asia. Geological society special publication,80:241-282.

YARMANTO,HEIDRICK T L,INDRAWARDANA ,et al.,1995. Tertiary tectonostratigraphic development of the Balam depocenter, Central Sumatra Basin, Indonesia//Proceedings of the Indonesian Petroleum Association 24th Annual Convention,IPA,(1):33-45.